中等职业教育电子与信息技术专业系列教材

# 传感器检测技术及应用

CHUANGANQI JIANCE JISHU JI YINGYONG

总 主 编　聂广林

副总主编　辜小兵　　邱绍峰

主　　编　官伦　　王戈静

副 主 编　杨玲

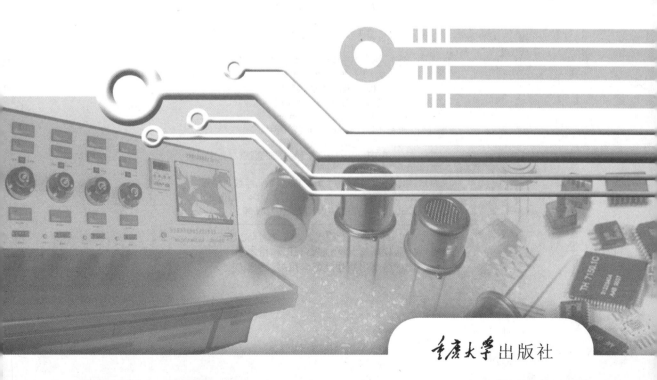

重庆大学出版社

## 内容提要

本书是根据"以项目为载体、任务引领、工作过程导向"的职业教育教学理念编写，主要介绍了常用传感器的工作原理、外特性及基本应用电路，选择和应用传感器的基本方法。全书共9个项目，主要内容包括初识传感器、温度的检测、湿度的检测、物位的检测、距离的检测、力和压力的检测、位移的检测、位置的检测和气体成分参数的检测。

本书可作为普通中等职业技术学校电子类、自动化类、电气类等专业的"传感器检测技术及应用"课程教材，也可供生产、管理、运行岗位的工程技术人员参考。

**图书在版编目(CIP)数据**

传感器检测技术及应用/官伦,王戈静主编.—重庆:重
庆大学出版社,2013.2(2020.7重印)
中等职业教育电子与信息技术专业系列教材
ISBN 978-7-5624-7199-8

Ⅰ.①传… Ⅱ.①官…②王… Ⅲ.①传感器—中等专业学校
—教材 Ⅳ.①TP212

中国版本图书馆 CIP 数据核字(2013)第 012324 号

中等职业教育电子与信息技术专业系列教材
传感器检测技术及应用
总 主 编 聂广林
副总主编 辜小兵 邱绍峰
主 编 官 伦 王戈静
副 主 编 杨 玲
责任编辑:章 可 版式设计:黄俊棚
责任校对:秦巴达 责任印制:赵 晟
*
重庆大学出版社出版发行
出版人:饶帮华
社址:重庆市沙坪坝区大学城西路 21 号
邮编:401331
电话:(023) 88617190 88617185(中小学)
传真:(023) 88617186 88617166
网址:http://www.cqup.com.cn
邮箱:fxk@cqup.com.cn(营销中心)
全国新华书店经销
重庆升光电力印务有限公司印刷
*
开本:787mm×1092mm 1/16 印张:13 字数:324 千
2013 年 2 月第 1 版 2020 年 7 月第 4 次印刷
ISBN 978-7-5624-7199-8 定价:29.00 元

　　《传感器检测技术及应用》是普通中等职业技术学校电子类、自动化类、电气类等专业的专业课教材。

　　本书采用项目任务的方式进行编写。全书分为9个项目,项目1是认识传感器,包括测量及其误差的基本知识;项目2是温度的检测,主要是学习热电阻、热电偶和热敏电阻传感器的应用;项目3是湿度的检测,学习湿度传感器的实际应用;项目4是物位的检测,主要学习电容式传感器检测液位;项目5是距离的检测,主要学习超声波传感器检测距离;项目6是力和压力的检测,主要学习电阻应变式传感器和压阻式传感器的应用;项目7是位移的检测,主要学习电位器式位移传感器、感应同步器和光栅位移传感器的应用;项目8是位置的检测,主要学习各类接近开关的应用,项目9是气体成分参数的检测,主要学习气敏传感器的应用。

　　按照"以项目为载体、任务引领、工作过程导向"的职业教育教学理念,本书的每个项目都按照项目式教学进行内容安排,包括任务分析、知识准备、任务实施、任务评价和知识拓展,力求让学生的学习紧紧地与操作应用结合在一起。职业教育要突出实用性,教学的内容应根据当前中职学生的需求来设定,因此本书并不强调知识的系统性,而更加注重如何完整地完成操作任务,注重培养学生的相关职业能力。

　　本书教学共需80学时左右,建议实行理实一体化方式教学。各项目的学时参考如下:

| 序　号 | 内　容 | 课时安排 |
| --- | --- | --- |
| 项目1 | 初识传感器 | 6学时 |
| 项目2 | 温度的检测 | 16学时 |
| 项目3 | 湿度的检测 | 6学时 |
| 项目4 | 物位的检测 | 6学时 |
| 项目5 | 距离的检测 | 6学时 |
| 项目6 | 力和压力的检测 | 12学时 |

续表

| 序 号 | 内 容 | 课时安排 |
| --- | --- | --- |
| 项目 7 | 位移的检测 | 8 学时 |
| 项目 8 | 位置的检测 | 14 学时 |
| 项目 9 | 气体成分参数的检测 | 6 学时 |
| 总学时数 | | 80 学时 |

本书由四川仪表工业学校官伦和王戈静担任主编,杨玲担任副主编。项目 1~3 由王戈静编写,项目 4~6 由杨玲编写、项目 7~9 由官伦编写,全书由官伦负责统稿。

本书由重庆市渝北区教研室主任聂广林主审,他认真仔细地审阅了全部书稿,提出了大量宝贵意见,在此表示衷心感谢。本书在编写过程中得到四川仪表工业学校秦伟华、徐涛,重庆渝北职教中心邱绍峰,重庆工商学校辜小兵等领导的大力支持和帮助。教材中的部分章节内容还涉及一些教学仪器厂商提供的相关技术资料和相关文献,在此对教材中所引用的内容和文献的作者及单位一并表示衷心的感谢。

由于作者水平有限,书中难免有遗漏或不妥之处,恳请读者批评指正。

编 者
2012 年 10 月

# Contents 目录

# 项目4 物位的检测

# 项目5 距离的检测

# 项目6 力和压力的检测

# 项目7 位移的检测

# 项目8 位置的检测

# 项目 9 气体成分参数的检测

# 附 录

# 项目1 初识传感器

在信息社会的一切活动中，从日常生活、工农业生产到科学实验，都离不开传感器。比如在化工、电力等行业中，需要对生产过程中的温度、流量、压力等参数进行自动监测和控制，以保证生产安全；在机械制造行业中，需要对工件的加工精度、切削速度、床身振动等进行在线测量，以保证产品质量；在环境保护方面，需要对空气质量、水质、污水处理等进行检测和分析。在我们的日常生活中，洗衣机、微波炉、电热水器等越来越多的家电也离不开传感器。在航天、军事领域传感器更是起着举足轻重的作用。本项目主要是认识一些机电一体化设备中的常用传感器，学习传感器的基本知识（特点、作用和组成等），了解测量误差的知识。

## 【知识目标】

● 了解什么是传感器，掌握常用传感器的作用；

● 了解传感器的组成、分类方法及主要性能指标；

● 熟悉传感器测量误差的基本概念和相关计算。

## 【技能目标】

● 认识机电一体化设备及其他设备中的常用传感器。

# 任务 1　认识传感器

## 【任务分析】

知道什么是传感器,认识在机电一体化设备中所用传感器的种类及外形,了解其作用。

## 【知识准备】

### 一、认识传感器

人体为从外界获取信息,必须借助于眼(视觉)、耳(听觉)、鼻(嗅觉)、皮肤(触觉)、舌(味觉)等感觉器官,再由大脑对这些信息进行分析判断和处理,最后来指挥四肢的动作。但是单靠人们自身的感觉器官,在研究自然现象和规律以及生产活动中它们的功能是远远不够的。为适应这种情况,就需要传感器。因此可以说,传感器是人类五官的延长,又称之为电五官。机器人是典型的机电一体化产品。图1-1形象地表达了人体与工业机器人各个部分的对应关系,把计算机视为识别和处理信息的"大脑",传感器视为人的感觉器官,执行器比作人的四肢,如此便有了工业机器人。传感器的作用包括信息的收集、信息数据的交换和控制信息的采集。

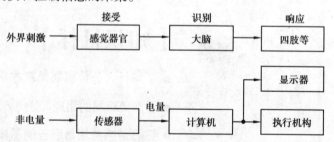

图 1-1　人体系统和机器系统比较

传感器在现代工业生产,尤其是自动化生产过程中,用来监视和控制生产过程中的各个参数,使设备工作在正常状态或最佳状态,并使产品达到最好的质量,同时还广泛应用于我们日常生活中,渗透到海洋探测、环境保护、资源调查、医学诊断、生物工程、军事、航天,甚至文物保护等极其广泛的领域。从茫茫的太空到浩瀚的海洋,以至各种复杂的工程系统,几乎每一个现代化项目都离不开传感器。

1. 日常生活中使用的传感器(见图1-2)
2. 工业生产中使用的传感器(见图1-3)
3. 农业生产中使用的传感器(见图1-4)

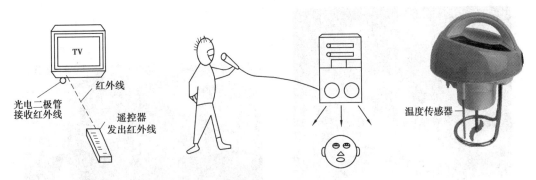

（a）电视机用光敏二极管接收红外线　（b）传声器将声音信号转换为电信号（电压）　（c）豆浆机带有温度传感器

图1-2　日常生活中使用的传感器

（a）超声波切割蛋糕

（b）热电偶(阻)测温

图1-3　工业生产中使用的传感器

图1-4　塑料大棚温度和湿度传感器

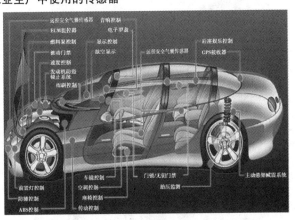

图1-5　水箱温度传感器和安全气囊等传感器

4. 汽车中使用的传感器（见图1-5）

5. 航天领域中使用的传感器（见图1-6）

6. 传感器在机械制造业中的应用（见图1-7）

传感器虽然应用在不同的领域，发挥着不同的作用，但其核心都是将诸如温度、流量、湿度、速度、压力、声音、位置、浓度、光线等物理量进行自动准确的测量，并把它们转换成

图1-6 航天器舱内压力和温度等传感器

图1-7 位置和位移传感器

电信号进行显示或进行信号再处理,达到精确控制和调节的目的。

传感器的种类很多,外观也是千差万别,如图1-8所示为部分传感器的外形。

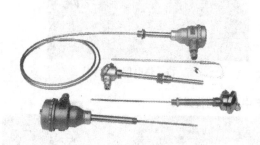

（a）热电偶/热电阻

（b）NTC热敏电阻

（c）压电传感器

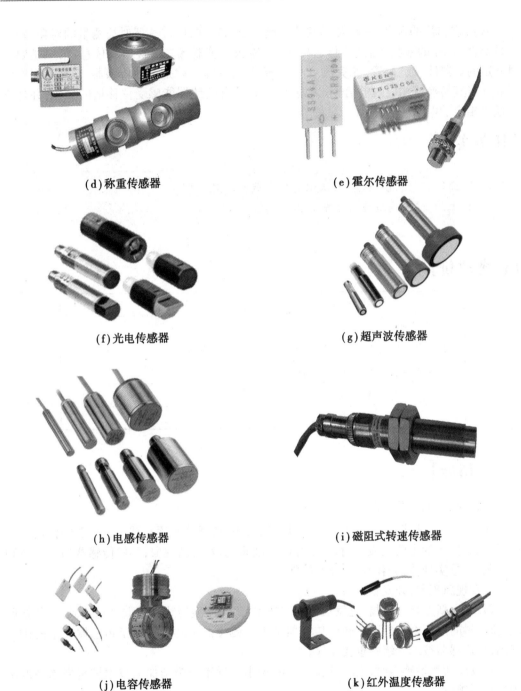

(d)称重传感器　　　　　　　　(e)霍尔传感器

(f)光电传感器　　　　　　　　(g)超声波传感器

(h)电感传感器　　　　　　　　(i)磁阻式转速传感器

(j)电容传感器　　　　　　　　(k)红外温度传感器

图1-8　不同形状的传感器

## 二、什么是传感器

通过以上示例可知,传感器就是一种能把特定的信息(物理、化学、生物)按一定规律转换成某种可用信号并输出的器件和装置,或者说传感器是能把外界非电信息转换成电信号并输出的器件。

"传、感、器"的含义:一是要"知道"被测量是否存在,即传感器对被测量的对象敏感;二是要将"存在的被测量信息"传送出去,即传送传感器感受的被测量信息;第三是要通过一定的"器件"或"装置"来完成。例如,传声器(话筒)就是这种传感器,它感受声音的强弱并将其转换成相应的电信号;又如,电感式位移传感器能感受位移量的变化,并把它转换成相应的电信号。

## 【任务实施】

1. 通过观察,说一说你所认识的传感器?举几个例子。
2. 上网查阅,通过图片了解各类传感器。

## 【任务评价】

| 评价内容 | 分 值 | 得 分 |
|---|---|---|
| 传感器识别 | 30分 | |
| 机电一体化设备中传感器的识别 | 30分 | |
| 家用电器温度传感器技术指标搜集 | 40分 | |
| 总 分 | | |
| 评 价 | | |

## 【知识拓展】

### 一、传感器的发展方向

在科学技术领域、工农业生产以及日常生活中,传感器发挥着越来越重要的作用。当前,传感器技术的主要发展动向,一是开展基础研究,发现新现象,开发传感器的新材料和新工艺;二是实现传感器的集成化与智能化。

1. 发现新现象,开发新材料

新现象、新原理、新材料是发展传感器技术,研究新型传感器的重要基础,每一种新原理、新材料的发现都会伴随着新的传感器种类的诞生。传感器材料是传感器技术的重要基础,是传感器技术升级的重要支撑。

在发展新型传感器时,离不开新工艺的采用。近年来微细加工技术被越来越多地用于传感器领域。

2. 集成化,多功能化

把多个功能不同的传感元件集成在一起,除可同时进行多种参数的测量外,还可对这些参数的测量结果进行综合处理和评价,反映出被测系统的整体状态。

3. 传感器智能化

传感器与微处理器相结合,使之不仅具有检测功能,还具有信息处理、逻辑判断、自诊断及"思维"等人工智能,称之为传感器的智能化。借助于半导体集成化技术把传感器部分与信号预处理电路、输入输出接口、微处理器等制作在同一块芯片上,即成为大规模集成智能传感器。可以说智能传感器是传感器技术与大规模集成电路技术相结合的产物,它的实现取决于传感技术与半导体集成化工艺水平的提高与发展。

4.向未开发的领域挑战——生物传感器

到目前为止,传感器大多为物理传感器,开发研究化学传感器和生物传感器,是今后的发展方向。特别是智能机器人技术的发展,需要研制各种模拟人体感觉器官的传感器,如已有的机器人听觉传感器、触觉传感器、味觉传感器等。

**二、传感器代号**

传感器代号说明:

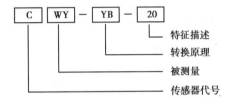

- 传感器代号:用 C 表示。
- 被测量:用一个或两个汉语拼音的第一个大写字母标记。
- 转换原理:用一个或两个汉语拼音的第一个大写字母标记,一般可后续以"式"字。
- 特征描述:用一个阿拉伯数字标记,厂家自定,用来表征传感器的结构、性能、材料特征、敏感元件及其他必要的性能特征,一般可后续以"型"字。

# 任务2  了解传感器的组成及分类

## 【任务分析】

知道传感器的一般组成、分类及主要性能指标。

## 【知识准备】

图1-9是一种气体压力传感器的示意图。其工作原理是将气体压力转换成电信号的输出。膜盒(2)的下半部与壳体(1)固接,上半部通过连杆与磁芯(4)相连,磁芯(4)置于两个电感线圈(3)中,后者接入测量转换电路(5)。

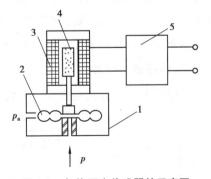

图1-9  气体压力传感器的示意图
1—壳体;2—膜盒;3—电感线圈;
4—磁芯;5—转换电路

这里的膜盒就是敏感元件,其外部与大气压力 $p_a$ 相通,内部感受被测压力 $p$。当 $p$ 变化时,引起膜盒上半部移动,即输出相应的位移量。可变电感线圈(3)是转换元件,它把输入的位移量转换成电感的变化,经过测量转换电路(5),把电感的变化转换成电量输出。

## 一、传感器组成

从气体压力传感器的工作原理可以看出:传感器通常由直接响应被测量的敏感元件、产生可用信号输出的转换元件以及相应的测量转换电路组成,如图 1-10 所示。

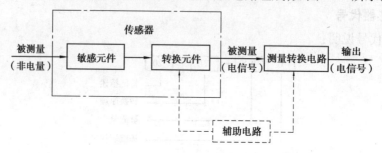

**图 1-10　传感器的组成框图**

- 敏感元件:直接感受被测量,并输出与被测量成确定关系的某一物理量的元件。
- 转换元件:将敏感元件输出的量转换成电量输出。
- 测量转换电路:将电信号放大,并转换成便于显示、记录、处理和控制的有用电信号。

传感器输出信号有很多形式,如电压、电流、频率、脉冲等,输出信号的形式由传感器的原理确定。常见的测量转换电路有放大器、电桥、振动器、电荷放大器等,它们分别与相应的传感器配合。

传感器有时也称为变换器、检测器或探测器。它的构成有复杂的,也有简单的,不是所有的传感器都必须由传感元件和敏感元件组成,例如测温传感器热电偶、压电晶体、热敏电阻、光电器件等是敏感元件与转换元件两者合二为一的传感器,它们一般都是将感受到的被测量直接转换为电信号,没有中间环节。

## 二、传感器的分类

传感器的分类方法有许多,但常用的分类方法有两种,如表 1-1 所示。

**表 1-1　传感器的常用分类**

| 比较项目 | 按被测量分类 | 按工作原理分类 |
| --- | --- | --- |
| 分类机理 | 根据被测量的性质进行分类 | 将物理、化学、生物等学科的原理、规律和效应作为分类的依据 |

续表

| 比较项目 | 按被测量分类 | 按工作原理分类 |
|---|---|---|
| 分类举例 | 温度传感器、湿度传感器、压力传感器、位移传感器、流量传感器、液位传感器、力传感器、加速度传感器、转矩传感器等 | 电学式传感器、磁学式传感器、光电式传感器、电势型传感器、电荷传感器、半导体传感器、电化学式传感器 |
| 优点 | 明确地表达了传感器的用途,便于使用者根据其用途选用 | 对传感器的工作原理比较清楚,类别少,有利于传感器专业工作者对传感器的深入研究分析 |
| 缺点 | 没有区分各种传感器在转换机理上有何共性和差异,不便于使用者掌握其基本原理及分析方法 | 不便于使用者根据用途选用 |

### 三、传感器的特性

传感器的特性是指输入量 $x$(被测量)与输出量 $y$ 之间的关系。它包含静态特性和动态特性。一个高精度传感器,必须具有良好的静态特性和动态特性,才能保证信号无失真地按规律转换。

所谓的静态特性是指输入量(被测量)不随时间变化或随时间变化比较缓慢时,传感器输出量与输入量之间的关系。表示传感器静态特性的主要参数有:线性度、灵敏度、迟滞、重复性、漂移等。所谓的动态特性是指输入量(被测量)随时间变化时,传感器输出量与输入量之间的关系。这里介绍传感器的几种常用静态特性和主要性能指标。

1. 测量范围和量程

传感器所能测量到的最小被测量(输入)$x_{min}$ 与最大被测量(输入)$x_{max}$ 之间的范围称为传感器的测量范围,表示为 $(x_{min}, x_{max})$。

传感器测量范围的上限值与下限值的代数和 $x_{max} - x_{min}$ 称为量程。

例如,一温度传感器的测量范围是 $-50 \sim +150$ ℃,那么该传感器的量程为 $200$ ℃。

2. 灵敏度与灵敏度误差

传感器在稳定的条件下,输出的变化量 $\Delta y$ 与引起该变化量的输入变化量 $\Delta x$ 之比,其表达式为

$$K = \frac{\Delta y}{\Delta x} = \frac{dy}{dx} \tag{1-1}$$

可见,传感器输出曲线的斜率就是其灵敏度。对于线性特性的传感器,其特性曲线的斜率处处相同,灵敏度 $K$ 是一常数,与输入量大小无关;对于非线性特性的传感器,其特性曲线的斜率随输入量的变化而变化,灵敏度 $K$ 是一变量,如图1-11所示。

灵敏度可理解为放大倍数,提高灵敏度,可得到较高的测量精度,但灵敏度愈高,测量

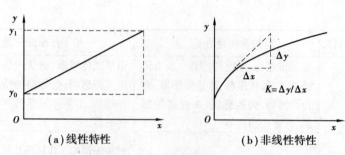

（a）线性特性 （b）非线性特性

图 1-11 灵敏度定义

范围愈窄,稳定性也往往愈差。一般希望传感器的灵敏度高,且在满量程范围内是恒定的,这样就可保证在传感器输入量相同的情况下,输出信号尽可能大,从而有利于对被测量进行转换和处理。

**3.分辨力与分辨率**

分辨力指传感器能检测到的最小输入量的变化量。当被测量的变化小于分辨力时,传感器对输入量的变化无任何反应。对数字表而言,不同的量程具有不同的分辨力,如果没有其他附加说明,一般可以认为该表的最后一位所表示的数值就是它的分辨力。数字仪表能稳定显示的位数越多,分辨力也越高。分辨力用绝对值表示。

将分辨力除以仪表的满量程就是仪表的分辨率,一般用百分数表示。分辨率反映了传感器检测输入微小变化的能力。对数字表而言,将该表的最后一位所代表的数值除以该表的满量程,就可以得到该表的分辨率。

例如:某数字温度表,其测温范围为 0 ~ 199.9 ℃,分辨力为 0.1 ℃,则该表的分辨率为

$$\frac{0.1}{(199.9 - 0)} \times 100\% = 0.05\%$$

数字表的分辨率亦可用数字表能显示的最小数字与最大数字之比的百分数来表示。

例如:$3\frac{1}{2}$ 位(三位半)数字仪表可显示的最小数字(不包括零)为 1,最大数字为 1 999,故分辨率为 $\frac{1}{1\,999} \approx 0.05\%$。同理,$3\frac{3}{4}$ 位数字表的分辨率是 $\frac{1}{3\,999} \approx 0.025\%$,$4\frac{1}{2}$ 位数字表的分辨率是 0.005%。

**4.线性度**

人们总是希望传感器的输出与输入的关系成正比,即线性关系,这样可以使仪表的刻度均匀,灵敏度为常数。但在通常情况下,传感器的实际静态特性是条曲线,为了得到线性关系,可以采用各种非线性补偿方式进行线性化处理。

**5.迟滞**

传感器在正(输入量增大)反(输入量减小)行程中输出输入曲线不重合的这种现象称为迟滞(见图1-12)。迟滞会造成传感器在遇到同一个输入值时产生不止一个输出值,从而造成误差。一般希望迟滞越小越好。

### 6.稳定性

稳定性表示传感器在一个较长的时间内保持其性能参数的能力。理想的情况是不论什么时候,传感器的特性参数都不随时间变化。但实际上,随着时间的推移,大多数传感器的特性会发生改变。这是因为敏感器件或构成传感器的部件,其特性会随时间发生变化,从而影响传感器的稳定性。一般把室温条件下经过一规定时间间隔后,传感器的输出与起始标定时的输出之间的差异称为稳定性误差。

### 7.重复性

重复性是传感器在输入量按同一方向作全量程多次测试时,所得特性曲线不一致性的程度。各条特性曲线越靠近,说明重复性越好,随机误差越小,如图1-13所示。

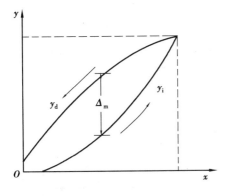

图1-12 传感器的迟滞现象

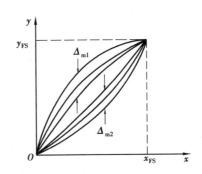

图1-13 传感器的重复性

### 8.精度

传感器的精度是指测量结果的可靠程度,是测量中各类误差的综合反映,测量误差越小,传感器的精度越高。

### 9.漂移

传感器的漂移是指在外界的干扰下,在一定时间间隔内,传感器输出量发生与输入量无关的、不需要的变化。漂移包括零点漂移和灵敏度漂移等。传感器的飘移有时会导致整个测量或控制系统处于瘫痪。

## 【任务实施】

1. 在洗衣机、家用空调、电冰箱中,各传感器的被测量是什么量? 传送的量又是什么量? 怎样转换的?

2. 上网查阅,选择4种机电一体化设备中应用的传感器,认识其技术指标的描述。

3. 有一台测量压力的仪表,测量范围为 $0 \sim 10$ MPa,压力 $P$ 与仪表输出电压之间的关系为

$$U_0 = a_0 + a_1 p + a_2 p^2$$

式中的 $a_0 = 1$ V, $a_1 = 0.6$ V/MPa, $a_2 = -0.02$ V/MPa。

分析：

（1）该仪表的输出特性方程。

（2）画出输出特性曲线（$x$ 轴、$y$ 轴均要标出单位）。

（3）该仪表的灵敏度表达式。

（4）用计算法求 $p_1 = 2$ MPa 和 $p_2 = 8$ MPa 时的灵敏度 $K_1$、$K_2$。

（5）画出灵敏度曲线图。

## 【任务评价】

| 评价内容 | 分 值 | 得 分 |
|---|---|---|
| 正确描述传感器的作用 | 20 分 | |
| 搜集机电一体化设备中传感器技术指标 | 20 分 | |
| 对压力表各项参数分析正确 | 60 分 | |
| 总 分 | | |
| 评价 | | |

## 【知识拓展】

### 一、选用传感器的基本原则

现代传感器在原理与结构上千差万别，如何根据具体的测量目的、测量对象以及测量环境合理地选用传感器，是在进行测量时首先要解决的问题。当传感器确定之后，与之相配套的测量方法和测量设备也就可以确定了。测量结果的成败，在很大程度上取决于传感器的选用是否合理。

**1. 根据测量对象与测量环境确定传感器的类型**

要进行一个具体的测量工作，首先要考虑采用何种原理的传感器，这需要分析多方面的因素之后才能确定。因为即使是测量同一物理量，也有多种原理的传感器可供选用，哪一种原理的传感器更为合适，则需要根据被测量的特点和传感器的使用条件考虑以下一些具体问题：量程的大小；被测位置对传感器体积的要求；测量方式为接触式还是非接触式；信号的引出方法，有线或是非接触测量；传感器的来源，国产还是进口，价格能否承受，还是自行研制。

在考虑上述问题之后就能确定选用何种类型的传感器，然后再考虑传感器的具体性能指标。

**2. 灵敏度的选择**

通常，在传感器的线性范围内，希望传感器的灵敏度越高越好。因为灵敏度高，与被测量变化对应的输出信号的值才比较大，有利于信号处理。但要注意的是，传感器的灵敏度高,与被测量无关的外界噪声也容易混入,也会被放大系统放大,影响测量精度。因此,要求传感器本身应具有较高的信噪比,尽量减少从外界引入的干扰信号。

传感器的灵敏度是有方向性的。当被测量是单向量,而且对其方向性要求较高,则应选择其他方向灵敏度小的传感器;如果被测量是多维向量,则要求传感器的交叉灵敏度越小越好。

### 3.线性范围

传感器的线形范围是指输出与输入成正比的范围。从理论上讲,在此范围内,灵敏度保持定值。传感器的线性范围越宽,则其量程越大,并且能保证一定的测量精度。在选择传感器时,当传感器的种类确定以后首先要看其量程是否满足要求。但实际上,任何传感器都不能保证绝对的线性,其线性度也是相对的。当所要求的测量精度比较低时,在一定的范围内可将非线性误差较小的传感器近似看作线性,这会给测量带来极大的方便。

### 4.稳定性

影响传感器长期稳定性的因素除传感器本身结构外,主要是传感器的使用环境。因此,要使传感器具有良好的稳定性,传感器必须要有较强的环境适应能力。在选择传感器之前,应对其使用环境进行调查,并根据具体的使用环境选择合适的传感器,或采取适当的措施,减小环境的影响。传感器的稳定性有定量指标,在超过使用期后,使用前应重新进行标定,以确定传感器的性能是否发生变化。在某些要求传感器能长期使用而又不能轻易更换或标定的场合,所选用传感器的稳定性要求更严格,要能够经受住长时间的考验。

### 5.精度

精度是传感器的一个重要性能指标,它是关系到整个测量系统精度的一个重要环节。传感器的精度越高,其价格越昂贵,因此,传感器的精度只要满足整个测量系统的精度要求就可以,不必选得过高。

### 6.频率响应特性

传感器的频率响应特性决定了被测量的频率范围,必须在允许频率范围内保持不失真的测量条件,实际上传感器的响应总有一定延迟,希望延迟时间越短越好。传感器的频率响应高,可测的信号频率范围就宽,而由于受到结构特性的影响,机械系统的惯性较大,因此频率低的传感器可测信号的频率较低。在动态测量中,应根据信号的特点(稳态、瞬态、随机等)响应特性,以免产生过大的误差。

**二、仪表的精度等级**

工程技术中,为简化传感器精度的表示方法,引用了精度等级的概念。精度等级以一系列标准百分比数值分挡表示,代表传感器测量的最大允许误差。按国家规定精度等级划分为 8 级,其中 0.05 ~ 0.2 级为标准仪表;0.5 ~ 5 级为工程用仪表,如表 1-2 所示。

准确度等级的数字越小,代表传感器的准确度越高。

表 1-2　仪表的精度等级

| 准确度等级 | 0.05 | 0.1 | 0.2 | 0.5 | 1.0 | 1.5 | 2.5 | 5 |
|---|---|---|---|---|---|---|---|---|
| 基本允许误差/% | 0.05 | 0.1 | 0.2 | 0.5 | 1.0 | 1.5 | 2.5 | 5 |

# 任务3 认识传感器测量误差的表示

## 【任务分析】

熟悉传感器测量误差的基本概念和相关计算。

## 【知识准备】

由传感器的定义得知,传感器是将未知的物理量转换成可知的电信号,传感器的误差也就是测量误差。测量误差往往是指被测量值与被测量的真实值(简称真值)二者的差值。在任何测量过程中,无论采用多么完善的测量仪器和测量方法,也无论人们在测量过程中如何细心和注意,都会存在误差,所以误差的存在是绝对的,误差的大小是相对的。根据误差表示的方法不同,有绝对误差、相对误差和引用误差。

### 一、误差的表示形式

1. 绝对误差

测量值与真实值的差值,称为绝对误差,即

$$\Delta x = x - x_0 \tag{1-2}$$

式中  $x$——测量值;

$x_0$——真实值(简称真值)。

事实上,被测量的真实值并不能确切知道,往往是用精确度比较高的标准仪器来测量同一被测量,其测量结果当作被测量的真实值。

绝对误差有单位和符号,但不能完整地反映测量的准确度,只能反映某点的准确度。我们将各点绝对误差中最大的称为仪表的绝对误差,将与绝对误差符号相反的值称为修正值。当测量值大于真值时,误差 $\Delta x$ 为正,反之为负。

绝对误差反映了测量值偏离真值的多少,能够直观地反映出测量结果的准确程度,在金融和商业上使用较普遍,但是在工程上,使用较多的往往是相对误差。

2. 相对误差

测量结果的绝对误差与真值比值的百分数称为相对误差,即

$$\delta = \frac{x - x_0}{x_0} \times 100\% = \frac{\Delta x}{x_0} \times 100\% \tag{1-3}$$

式中  $\Delta x$——测量的绝对误差;

$x_0$——被测量的真实值。

相对误差 $\delta$ 是一个比值,无量纲,但有正负之分。它能够客观地反映测量结果的准确度。

如某化学反应釜中物料实际温度为 300 ℃,仪表的示值为 298.5 ℃,则可依据式

(1-2)和式(1-3)求得测量的绝对误差:

$$\Delta x = x - x_0 = 298.5\ ℃ - 300\ ℃ = -1.5\ ℃$$

测量的相对误差:

$$\delta = \frac{x - x_0}{x_0} \times 100\% = \frac{\Delta x}{x_0} \times 100\% = \frac{-1.5\ ℃}{300\ ℃} \times 100\% = -0.5\%$$

又如在长度测量中,若测得上海到郑州的距离为 1 001 km,比实际距离多 1 km,相对误差为 0.1%;若用米尺量布匹 100 m,误差为 1 m,尽管绝对误差比前者小得多,但相对误差却达到 1%。显然,后者测量水平不如前者。

在测量过程中,被测量的值可能在仪表量程的不同处。这时,如果仍用上述相对误差定义就会失去其意义。因为真值不同,尽管绝对误差相等,也会得到不同的相对误差值。所以,测量仪表往往使用另一种形式的相对误差——引用误差。

3. 引用误差

测量结果的准确性不仅与绝对误差和相对误差有关,而且还与测量范围有关。所谓引用误差,就是测量仪表在量程范围内某点的示值的绝对误差与其量程比值的百分数,即

$$\eta = \frac{\Delta x}{x_{\max} - x_{\min}} \times 100\% \tag{1-4}$$

式中 $\Delta x$——测量的绝对误差;

$x_{\max}$——测量上限值;

$x_{\min}$——测量下限值。

由于引用误差是以量程作为相对比较量的,所以引用误差又称为满刻度相对误差,其特点是无量纲,有正负之分,能比较确切地反映测量的准确程度。引用误差的最大值,就是仪表的基本误差。

引用误差与测量的量程有关,在选用同一准确度的仪表测量被测量时,为了减小被测点的绝对误差值,提高测量准确度,往往将仪表零点迁移,压缩仪表量程,现举例说明如下。

如上例中被测介质的实际温度为 300 ℃,现用一台量程为 0 ~ 400 ℃ 的仪表测量,示值为 298 ℃,则可依据式(1-2)和式(1-4)求得测量的绝对误差:

$$\Delta x = x - x_0 = 298\ ℃ - 300\ ℃ = -2\ ℃$$

测量的引用误差:

$$\eta = \frac{\Delta x}{x_{\max} - x_{\min}} \times 100\% = \frac{-2\ ℃}{400\ ℃} \times 100\% = -0.5\%$$

现将该仪表量程压缩为 200 ~ 400 ℃,如引用误差仍要保持为 -0.5%,则该测量点允许的绝对误差为

$$\Delta x = (400 - 200)℃ \times (-0.5\%) = -1.0\ ℃$$

由此可见,仪表量程压缩一半,则绝对误差减小一半,从而大大提高了仪表的测量准确度。

传感器的精度常用最大的引用误差来表示,也称为传感器的基本误差。

例 1.1 某温度计的量程范围为 0 ~ 500 ℃,校验时该表的最大绝对误差为 6 ℃,试确定该仪表的精度等级。

解 根据题意知 $\Delta x = 6\ ℃$,$x_{\max} - x_{\min} = 500\ ℃ - 0\ ℃ = 500\ ℃$,代入式(1-4)中,

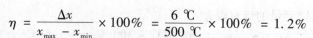

$$\eta = \frac{\Delta x}{x_{max} - x_{min}} \times 100\% = \frac{6\ ℃}{500\ ℃} \times 100\% = 1.2\%$$

该温度计的基本误差为 1.0% ~ 1.5%,因此该表的精度等级应定为 1.5 级。

**例 1.2** 现有 0.5 级的 0 ~ 300 ℃ 和 1.0 级的 0 ~ 100 ℃ 的两个温度计,欲测量 80 ℃ 的温度,试问选用哪一个温度计好?为什么?

**解** 0.5 级温度计测量时可能出现的最大绝对误差、测量 80 ℃ 可能出现的最大引用误差分别为

$$\Delta x = \delta(x_{max} - x_{min}) = 0.5\% \times (300\ ℃ - 0) = 1.5\ ℃$$

$$\eta = \frac{\Delta x}{x_{max} - x_{min}} \times 100\% = \frac{1.5\ ℃}{80\ ℃} \times 100\% = 1.875\%$$

1.0 级温度计测量时可能出现的最大绝对误差、测量 80 ℃ 时可能出现的最大引用误差分别为

$$\Delta x = \delta \cdot (x_{max} - x_{min}) = 1.0\% \times (100 - 0) = 1\ ℃$$

$$\eta = \frac{\Delta x}{x_{max} - x_{min}} \times 100\% = \frac{1}{80} \times 100\% = 1.25\%$$

计算结果表明,用 1.0 级温度计比用 0.5 级温度计引用误差反而小,所以更合适。因此在选用仪表时,不能单纯追求高精度,应兼顾精度等级和量程,通常希望示值落在仪表满度值的 2/3 附近。

**二、误差的分类**

在测量过程中,由于被测量千差万别,产生误差的原因也不相同,所以误差的种类也有很多。若按照误差产生的原因及其性质来分,误差分为系统误差、随机误差、疏忽误差和缓变误差等。

**1. 系统误差**

测量过程中,在重复测量同一个参数时,常出现大小和方向保持固定,或按一定规律变化的误差,这种误差称为系统误差。系统误差的产生,主要是由于测量系统本身有缺陷,或者是测量理论、测量方法不完善,或者是环境条件的重大影响。系统误差一般较容易被发现和掌握。对于固定不变的系统误差,只要在测量结果中用一个修正值便可消除。

比如,用万用表测电压,如果万用表的零点不准(见图 1-14),那么每一次的测量结果都含有 5 V 的误差,这个误差就是系统误差。因此我们在使用万用表前一定要调零。

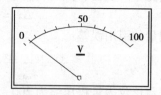

**图 1-14 系统误差示意图**

**2. 随机误差**

在相同条件下多次测量同一参数时,常出现各次测量结果都不相同,各次测量误差的大小和方向没有规律性。但是,若对这些误差进行大量统计,其出现是符合统计规律的。这种出现几率符合统计规律的误差,称为随机误差。

随机误差是由各种微小的偶然因素造成的。这些不可控制的偶然因素,尽管其中的一个对测量结果的影响是微小的,但是,大量因素的综合作用会造成测量结果的较大差异。

对于随机误差,不能像对待系统误差那样,用固定的修正值予以消除。我们只能利用

统计学原理,研究误差出现的规律,将其中误差值较大的测量值,予以剔除。

### 3. 疏忽误差

由于操作者的粗心大意或失误所造成的测量误差,称为疏忽误差,也称为流失误差或粗大误差。操作者不正确地使用测量设备,读错、记录错或计算错误,都会使测量结果失实。疏忽误差的出现是不允许的,其测量结果显然不符合事实,是坏值,是无效的,一旦发现,必须剔除。消除疏忽误差的办法是加强对操作者的思想教育和技术培训,提高其责任心和操作水平。

### 4. 缓变误差

误差的数值随着时间而缓慢变化的误差,称为缓变误差。缓变误差主要是仪器的零部件的逐渐老化、失效、变形、磨损等原因造成的。这种误差在短时间内不易被察觉,经过一段较长的时间,误差逐渐显著。缓变误差是不可避免的。在制造仪表的过程中加强工艺处理可以延缓此过程的出现。在仪表的使用中,要经常定期地进行计量和校正,克服此误差所造成的影响。

### 三、准确度

在测量工作中,为了笼统地表示测量结果的好坏和测量水平的高低,人们常常使用正确度、精密度和准确度等概念。

### 1. 正确度

测量结果与真值的接近程度,称为测量的正确度。如果一个被测量的真值为 $x_0$,则测量值 $x$ 越接近 $x_0$,测量的正确度就越高。如果对该量是连续测量,得值为 $x_1, x_2, \cdots, x_n$,则测量的正确度就是该组数据的平均值 $\bar{x}$ 与 $x_0$ 的接近程度。显然,测量值的绝对误差 $x - x_0$ 或 $\bar{x} - x_0$ 能表示测量的正确度。图1-15用平面坐标形象地表示了两组测量数据的正确度,(a)图的正确度显然高于(b)图。

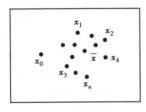
（a）正确度较高

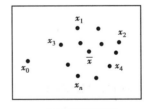
（b）正确度较低

**图1-15　测量结果的正确度示意图**

系统误差直接影响测量值与真值的差值,它是表示测量结果正确度的误差。

### 2. 精密度

在相同条件下,多次测量值的离散程度,称为测量结果的精密度。对于一组测量数据,如果各个测量值 $x_1, x_2, \cdots, x_i, \cdots, x_n$ 与其平均值 $\bar{x}$ 都相差甚小,则说明此测量结果精密度较高。图1-16形象地表示了两次测量结果的精密度。显然,(a)图的测量精密度高于(b)图。

随机误差的小大和方向没有规律,其分布状况反映了重复测量值的离散程度,因此,我们一般用随机误差来表示测量结果的精密度。

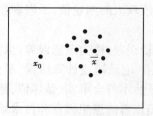

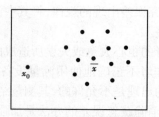

(a) 精密度较高的测量　　　　　　(b) 精密度较低的测量

图 1-16　测量结果的精密度示意图

3. 准确度

由以上叙述可见,正确度和精密度是两个不同的概念。精密度高的测量,其测量结果的正确度不一定很高。例如,对一个真值为 127 ℃ 的温度场,多次测量的数据是:129.8 ℃、130.2 ℃、129.7 ℃、129.9 ℃、130.1 ℃。可以看出,这组测量数据的离散程度较小,最大值与最小值只相差 0.5 ℃,与平均值离散最大的数据才差 0.26 ℃。但是,这组测量结果与真值偏差较大,最大偏差 3.2 ℃,最小偏差也达 2.7 ℃,即正确度较低。同样,测量正确度高的数据,不一定其测量精密度也高,尤其是用平均值来表示测量结果的正确度时,更是如此。

为了同时表示测量结果的正确度和精密度,我们引用另一个概念——准确度。所谓准确度,就是同时表示测量结果与真值的接近程度和多次测量值的离散程度的物理量,有时又称为精确度。它是反映系统误差和随机误差合成情况的一个物理量。如图 1-17(a) 所示的一组测量值,其平均值 $\bar{x}$ 与真值 $x_0$ 较接近,离散程度也较小,故其测量结果的准确度高于(b)图。

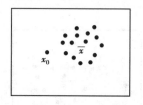

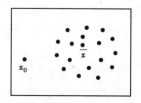

(a) 准确度较高的测量　　　　　　(b) 准确度较低的测量

图 1-17　测量结果的准确度示意图

# 【任务实施】

1. 已知待测拉力约为 70 N,现有两只测力仪表,一只为 0.5 级,测量范围为 0 ~ 500 N;另一只为 1.0 级,测量范围为 0 ~ 100 N。问选用哪一只测力仪表较好?为什么?

2. 图 1-18 是射击弹着点示意图,请你分别说出图(a)、(b)、(c)各包含什么误差。

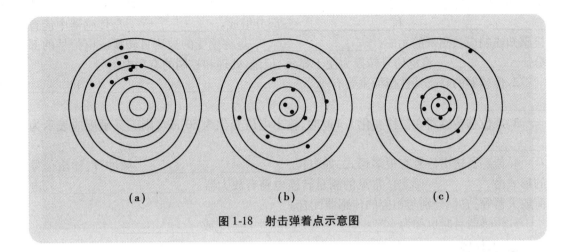

图1-18　射击弹着点示意图

## 【任务评价】

| 评价内容 | 分　值 | 得　分 |
|---|---|---|
| 分析思路正确 | 40分 | |
| 公式应用正确 | 20分 | |
| 计算结果正确 | 40分 | |
| 总　分 | | |
| 评　价 | | |

## 【知识拓展】

**一、测量误差产生的原因**

(1)人类对客观规律认识的局限性。

(2)测量器具不准确。

(3)测量手段不完善。

(4)测量条件发生变化。

(5)测量人员疏忽或错误等。

**二、控制测量误差的意义**

(1)当测量误差超过一定限度,使测量结果无意义,甚至有危害。

(2)控制测量误差是衡量测量技术水平,甚至是科学技术水平的重要标志之一。

## 【练一练】

**一、填空题**

1.传感器是指一个能将被测的_____转换成_____的器件。它一般由__

_____、_____和_____三部分组成。_____是传感器中能直接感知或响应被测量的元件;_____是将感受的被测量转换成电信号的部分。_____将电信号转换为便于显示、记录、处理和控制的有用电信号。

2.传感器的静态特性指标主要有_____、_____、_____和_____。

3.某位移传感器在位移变化 1 mm 时,输出电压变化为 50 mV,则其灵敏度应表示为_____。

4.传感器输出信号有很多形式,如电压、_____、_____、脉冲等,输出信号的形式由_____确定。常见的测量转换电路有放大器、_____、_____、电荷放大器等,它们分别与相应的传感器配合。

5.传感器有时也称为_____、_____或_____。

**二、选择题**

1.某仪器厂需要购买压力表,希望压力表的满度相对误差小于 0.9% ,考虑到经济效益,应购买( )级的压力表。

A.0.2          B.0.5          C.1.0          D.1.5

2.某采购员分别在三家商店购买 100 kg 大米、10 kg 苹果、1 kg 巧克力,发现均缺少约 0.5 kg ,但该采购员对卖巧克力的商店意见最大,在这个例子中,产生此心理作用的主要因素是( )。

A.绝对误差          B.示值相对误差          C.满度相对误差          D.精度等级

3.在选购线性仪表时,必须在同一系列的仪表中选择适当的量程。这时必须考虑到应尽量使选购的仪表量程为欲测量的( )左右为宜。

A.3 倍          B.10 倍          C.1.5 倍          D.0.75 倍

4.用万用表直流电压挡测量 5 号干电池电压,发现每次示值均为 1.8 V,该误差属于( )。

A.系统误差          B.粗大误差          C.随机误差          D. 动态误差

5.仪表准确度等级越小,表示仪表的测量精度( )。

A.越高          B.越低          C.不变

6.由于传感器输出信号一般都很微弱,需要有测量电路将其放大或转换为便于显示、记录、处理和控制的形式,这一部分称为( )。

A.传感元件          B.敏感元件          C.测量转换电路

7.( )是指传感器在稳定的条件下,输出的变化量 $\Delta y$ 与引起该变化量的输入变化量 $\Delta x$ 之比。

A.灵敏度          B.分辨率          C.线性度

8.( )在相同条件下多次测量同一参数时,误差的绝对值和符号随机变化,没有一定规律,时大时小,时正时负,不能预测。

A.随机误差          B.系统误差          C.疏忽误差

**三、判断题**

1.墙上的挂钟每隔一段时间后会慢几秒钟,这属于随机误差。          (          )

2. 测量范围可由量程来确定。　　　　　　　　　　　　　　　　　（　　）

3. 系统误差也称偶然误差。　　　　　　　　　　　　　　　　　　（　　）

4. 某温度仪表的显示值为 230.7 ℃，则该仪表的分辨力为 0.7 ℃。　（　　）

5. 采用绝对误差表示测量误差，能够很好说明测量质量的好坏。　　（　　）

6. 分辨力越小，表明传感器检测非电量的能力越弱。　　　　　　　（　　）

### 四、分析计算题

1. 某测温仪表的测量下限是 8.137 mV，测量上限是 33.277 mV，又已知仪表的精度为 0.5 级，问该表的测量范围和测量量程各为多少？仪表的基本允许误差为多少？

2. 某温度计测量范围 0~200 ℃，精度为 0.5 级。求：

(1)该表可能出现的最大绝对误差。

(2)当指示值分别为 20 ℃、100 ℃时的相对误差。

3. 要测量 240 V 电压，要求测量的相对误差不大于 0.6%，若选用 250 V 量程的电压表，其精度应为多少？若选用 500 V 量程的电压表，其精度又应为多少？

4. 有一台两线制压力变送器，量程范围为 0~10 MPa，对应的输出电流为 4~20 mA。求：

(1)压力 $p$ 与输出电流 $I$ 的关系表达式（输入/输出方程）。

(2)当压力 $p$ 为 0，1，5 MPa 时变送器对应的输出电流。

(3)如果希望在信号传输终端将电流信号转换为 1~5 V 电压，求负载电阻 $R_L$ 的阻值。

(4)如果测得变送器的输出电流为 5 mA，求此时的压力 $p$。

5. 用一台 3 位（俗称 3 位半）、精度为 0.5 级（已包含最后一位的 +1 误差）的数字式电子温度计，测量汽轮机高压蒸汽的温度，数字面板上显示出如图 1-19 所示的数值。假设其最后一位即为分辨力，求该仪表的：

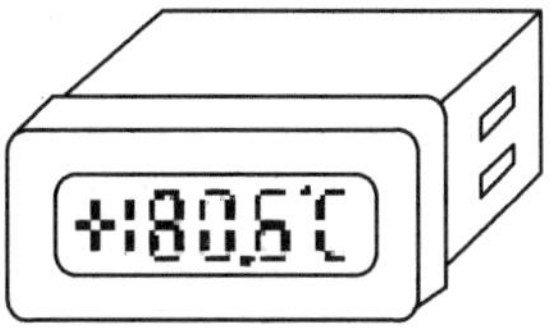

(1)分辨力、分辨率及最大显示值。

(2)可能产生的最大满度相对误差和绝对误差。

(3)被测温度的示值。

(4)示值相对误差。

(5)被测温度实际值的上下限。

（提示：该 3 位半数字表的量程上限为 199.9 ℃，下限为 0 ℃）

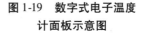

图 1-19　数字式电子温度
计面板示意图

## 项目2  温度的检测

温度是一个同人们生活环境有着密切关系的物理量，也是一种在生产、科研、生活中需要测量和控制的重要物理量，是国际单位制中7个基本单位量之一。测量温度的方法和传感器（元件）有很多，本项目主要是学习温度测量的基本概念，了解工业中常用的热电阻、热电偶和热敏电阻，掌握工业生产中温度的测量方法，了解家用电器中的温度检测实例。

## 【知识目标】

● 掌握温度、温标的基本概念和温度测量的方法；

● 认识热电阻、热电偶、热敏电阻的基本结构；

● 认识热电阻和热电偶的工作原理与基本特征；

● 认识温度检测在工业生产、家用电器中的应用。

## 【技能目标】

● 会利用手册查阅温度元件的技术参数；

● 会使用热电阻、热电偶及热敏电阻；

● 掌握选择温度仪表的基本原则；

● 能解决简单的温度检测问题。

# 任务 1 温度测量的基本概念

## 【任务分析】

了解温度、温标的概念,了解温度测量的方法。

## 【知识准备】

### 一、温度

温度是表示物体冷热程度的物理量,它反映了物体分子做无规则热运动平均动能的大小。温度是一个较复杂的物理量,两个温度不能相加,若说一个温度为其他两个温度之和是毫无意义的。两个温度之间只有相等和不相等的关系。

温度是最难于准确测量的一个基本物理量。虽然有时可通过人的感觉来感知物体的冷热程度,但是单凭人的感觉来判断温度的高低是不科学的,也无法定量。为此,物体温度的准确测量要靠专门的仪器——温度传感器来进行。温度传感器通常是由感温元件部分和温度显示部分组成,如图 2-1 所示。

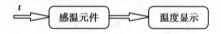

图 2-1 温度传感器组成框图

### 二、温标

温度不能直接测量,必须借助于物体的某种物理参数随温度冷热不同而明显变化的特性进行间接测量。为了保证温度量值的统一和准确,必须建立一个用来衡量温度高低的标准尺度,这个标准尺度称为温标。温标就是温度的数值表示,它规定了温度的读数起点(零点)和测量温度的基本单位。各种温度计的刻度数值均由温标确定。在国际上,温标的种类很多,常用的温标如图 2-2 所示。

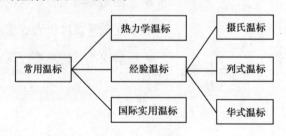

图 2-2 常用的温标

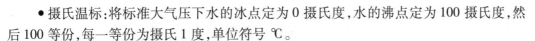

- 摄氏温标:将标准大气压下水的冰点定为 0 摄氏度,水的沸点定为 100 摄氏度,然后 100 等份,每一等份为摄氏 1 度,单位符号 ℃。
- 华氏温标:在标准大气压下,纯水的冰点温度为 32 度,水的沸点为 212 度,中间 180 等份,每一等份为华氏 1 度,单位符号 °F。
- 列氏温标:在标准大气压下,纯水的冰融点为 0 度,水的沸点为 80 度,中间 80 等份,每一等份为列氏 1 度,单位符号 °R。

三者换算关系:
$$℃ = \frac{5}{9}(°F - 32) = \frac{5}{4}°R$$

- 热力学温标:热力学温标又称为开尔文温标,单位符号 K。从绝对零度起算,水的冰点为 273.15 K,沸点为 373.15 K。每度的大小仍然是水的冰点至沸点间温度差的百分之一。
- 国际实用温标:这是为解决国际上温度标准的统一及实用问题而建立的温标。国际温标规定:热力学温度是基本温度,用 $T$ 表示,单位开尔文,符号 K。1 K 定义为水三相点热力学温度的 1/273.16。摄氏温度与其转换关系为:
$$t = (T - T_0)℃$$

其中,$T_0 = 273.16$ K。

### 三、温度测量的主要方法

温度传感器的种类很多,按照测量方式可分为接触式与非接触式两大类。

- 接触式:测温敏感元件直接与被测介质接触,使被测介质与测温敏感元件进行充分的热交换,使两者具有同一温度,达到测量的目的。
- 非接触式:利用物质热辐射原理,测温敏感元件不与被测介质接触,通过辐射和对流实现热交换,达到测量的目的,可进行遥测。

表 2-1 为接触式与非接触式测温特性的比较,表 2-2 为常用温度传感器的种类及特点。

表 2-1 接触式与非接触式测温特性比较

| 分类<br>特性 | 接触式 | 非接触式 |
|---|---|---|
| 特点 | 可测量任何部位的温度,便于多点集中测量和自动控制;不适宜测量热容量小的物体和移动物体 | 不改变被测介质温场,可测量移动物体温度,通常只是测量表面温度 |
| 测量条件 | 测温元件要与被测介质很好接触且需要足够长的时间;被测介质温度不因接触测温元件而发生变化 | 被测对象发出的辐射能充分照射到检测元件上;被测对象的发射率要准确知道 |
| 测量范围 | 容易测量 1 100 ℃ 以下的温度,测量 1 100 ℃ 以上的温度使用寿命较短 | 测量 1 100 ℃ 以上的温度较准确,测量 1 100 ℃ 以下的温度误差大 |
| 准确度 | 测量误差通常为 0.4% ~1%,依据测量条件可达 0.1% | 测量误差通常为 ±20 ℃ 左右,条件好的可达 5 ~10 ℃ |
| 响应速度 | 测温响应速度通常较慢,1 ~3 min | 测温响应速度通常较快,2 ~3 s |

表 2-2　温度传感器的种类及特点

| 测温方式 | 温度计种类 | | 长期使用测温范围/℃ | 优　点 | 缺　点 |
|---|---|---|---|---|---|
| 接触式测温 | 膨胀式 | 玻璃液体 | −50 ~ 600 | 结构简单、使用方便、测量准确、价格低廉 | 测量上限温度和精度受玻璃质量限制,不能记录和远传 |
| | | 双金属 | −80 ~ 600 | 结构简单紧凑、牢固可靠 | 精度低,量程和使用范围有限 |
| | 压力式 | 液体 | −30 ~ 600 | 抗振、坚固、防爆、价格低廉 | 精度低,测完距离短,滞后大 |
| | | 气体 | −20 ~ 350 | | |
| | | 蒸汽 | 0 ~ 250 | | |
| | 热电偶 | B 型 铂铑 30-铂铑 6 | 600 ~ 1 700 | 测温范围广,精度高,便于远距离、多点、集中测量和自动控制 | 需进行冷端温度补偿,低温段测量精度较低 |
| | | S 型 铂铑 10-铂 | 0 ~ 1 300 | | |
| | | R 型 铂铑 13-铂 | 0 ~ 1 300 | | |
| | | K 型 镍铬-镍硅 | −40 ~ 1 200 | | |
| | | N 型 镍铬硅-镍硅镁 | −40 ~ 1 200 | | |
| | | E 型 镍铬-铜镍(康铜) | −40 ~ 750 | | |
| | | J 型 铁-铜镍(康铜) | −40 ~ 600 | | |
| | | T 型 铜-铜镍(康铜) | −40 ~ 350 | | |
| | 热电阻 | 铂电阻 | −200 ~ 600 | 测量精度高,便于远距离、多点、集中测量和自动控制 | 不能测量高温,需注意环境温度的影响 |
| | | 铜电阻 | −50 ~ 150 | | |
| | | 热敏电阻 | −50 ~ 300 | | |
| 非接触式测温 | 辐射式 | 辐射式 | 400 ~ 2 000 | 测温时不破坏被测温度场 | 低温段测量不准确,环境条件会影响测量准确度 |
| | | 光学式 | 700 ~ 3 200 | | |
| | | 比色式 | 900 ~ 1 700 | | |
| | 红外线 | 热敏探测 | −50 ~ 3 200 | 测温时不破坏被测温度场,响应快,测温范围大,适合测量温度分布 | 容易受外界干扰,标定困难 |
| | | 光电探测 | 0 ~ 3 500 | | |
| | | 热电探测 | 200 ~ 2 000 | | |

**四、温度传感器的选择**

在选择温度传感器时,应根据测量的目地、要求及条件,综合考虑下列各项,选择合适的温度传感器。

● 被测温度是否要求指示、记录、控制和报警。

- 温度传感器的读数、安装、使用是否方便。
- 测量范围的大小和精度要求。
- 感温元件的大小适当与否。
- 在被测温度随时间变化的场合,感温元件的滞后能否适应测量要求。
- 被测物体和环境条件对感温元件是否有损害。
- 对温度传感器的可靠性、互换性要求如何。

## 【任务实施】

1. 通过观察,说一说在我们生活中还有哪些温度传感器?举几个例子。
2. 从工业控制设备的技术资料或说明书中搜集温度传感器的相关知识。

## 【任务评价】

| 评价内容 | 分 值 | 得 分 |
|---|---|---|
| 接触式温度传感器识别 | 30分 | |
| 非接触式温度传感器识别 | 30分 | |
| 家用电器温度传感器技术指标搜集 | 40分 | |
| 总 分 | | |
| 评 价 | | |

## 任务2　认识热电阻

## 【任务分析】

认识热电阻基本工作原理及特性,掌握热电阻温度测量方法。

## 【知识准备】

### 一、热电阻基本工作原理及特性

金属导体的电阻值随温度的变化而变化,当导体温度上升时,导体的电阻值会增加;反之,则电阻值减小。通过测量电阻值变化的大小得出温度变化的情况和数值,这就是热电阻测温的基本工作原理。

目前较为广泛应用的热电阻材料是铂、铜。在铂、铜中,铂的性能最好,可制成标准温度计,适用温度范围为 -200~960 ℃。表 2-3 列出了热电阻的主要技术性能。

表 2-3　热电阻的主要技术性能

| 主要性能 ＼ 材料 | 铂(WZP) | 铜(WZC) |
|---|---|---|
| 使用温度范围/℃ | -200~960 | -50~150 |
| 电阻率(×10⁻⁶ Ω·m) | 0.098~0.106 | 0.017 |
| 0~100 ℃电阻温度系数 $\alpha$(平均值)(1/℃) | 0.003 85 | 0.0042 8 |
| 化学稳定性 | 在氧化性介质中较稳定,不能在还原性介质中使用,尤其在高温情况下 | 超过 100 ℃易氧化 |
| 特性 | 特性近于线性、性能稳定、准确度高 | 线性较好、价格低廉、体积大 |
| 应用 | 适于较高温度范围的测量,可作标准测温装置 | 适于无水分、无腐蚀性介质的温度测量 |

热电阻的阻值 $R_t$ 与温度 $t$ 之间呈非线性关系,因此必须每隔 1 ℃测出铂热电阻和铜热电阻在规定的测温范围内的 $R_t$ 与 $t$ 之间的对应电阻值,并列成表格,这种表格称为热电阻分度表,见附录 A。

**二、热电阻的结构类型**

金属热电阻按其结构类型来分,有装配式、隔爆式、铠装式、薄膜式等。

1. 装配热电阻

装配热电阻通常由感温元件、安装固定装置和接线盒等主要部件组成,其结构示意图如图 2-3(a)所示,外形如图 2-3(b)所示。

装配热电阻可测量液体、气体介质以及固定表面等的温度,广泛应用于石油、化工、机械、冶金、电力、轻纺、食品、原子能、宇航等工业部门和科技领域。

2. 隔爆式热电阻

在化工厂和其他生产现场,常伴随有各种易燃、易爆等化学气体和蒸汽等,如果使用普通的装配式热电阻不安全,必须使用隔爆式热电阻,如图 2-4 所示。

3. 铠装热电阻

铠装热电阻与显示仪表配套,可对气体、液体介质或固定表面温度进行自动检测,适宜安装在管道狭窄和要求快速反应、微型化等特殊场合。

铠装热电阻通常由铠装热电阻感温元件、安装固定装置和接线装置等主要部件组成。其结构示意图如图 2-5(a)所示,外形如图 2-5(b)所示。

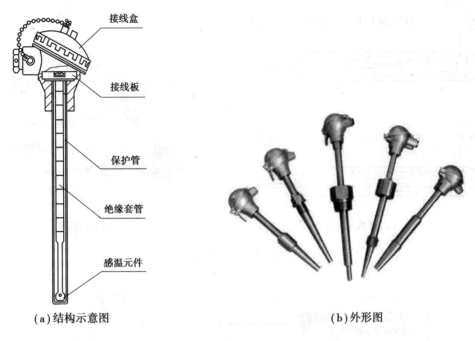

接线盒

接线板

保护管

绝缘套管

感温元件

（a）结构示意图　　　　　　　　（b）外形图

**图 2-3　装配式热电阻**

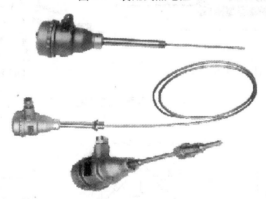

**图 2-4　隔爆式热电阻外形图**

**4. 薄膜式热电阻**

薄膜式热电阻其尺寸可以小到几平方毫米,适用于测量微小面积上的瞬变温度。其内部示意图如图 2-6(a)所示,外形如图 2-6(b)所示。

目前,国内统一设计的工业用铂电阻在 0 ℃时的阻值 $R_0$ 为 25,100 Ω 等几种数值,分度号用 Pt25,Pt100 等表示。薄膜式铂热电阻有 100,1 000 Ω 等数种。同样,铜热电阻在 0 ℃时的阻值 $R_0$ 为 50,100 Ω 两种,分度号用 Cu50,Cu100 表示。

**三、热电阻测量电路**

热电阻把被测温度量转换成电阻值,通过测量电路将电阻值转换成电信号后送到显示仪表,显示仪表则显示被测温度值的大小。测量电路通常是电桥电路,如图 2-7(a)所

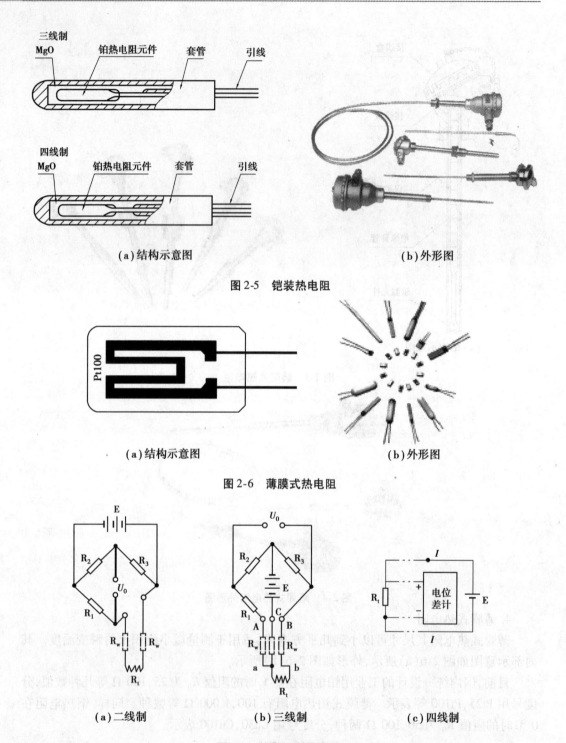

（a）结构示意图　　　　　　　　（b）外形图

图 2-5　铠装热电阻

（a）结构示意图　　　　　　　　（b）外形图

图 2-6　薄膜式热电阻

（a）二线制　　　　（b）三线制　　　　（c）四线制

图 2-7　热电阻测量电路

示。图中 $R_t$ 为热电阻，$R_1$、$R_2$、$R_3$ 为锰铜电阻，它们的电阻温度系数十分小，因此可以认为是固定电阻。当加上桥路电源 E 后，电桥即有相应的输出 $U_0$。在进行测量时，热电阻

$R_t$ 总是被安装在测温点上,然后用连接导线连接到电桥的接线端子上。由于金属热电阻本身的阻值较小,所以引线电阻 $R_w$ 随长度和温度的变化就不能忽略。为了消除和减小引线电阻的影响,通常采用三线制连接法,如图 2-7(b)所示。在精密测量时,常采用四线制连接法,如图 2-7(c)所示。

## 【任务实施】

1.根据给出的热电阻,仔细观察,将相关指标填入下表中。

| 热电阻 | 型 号 | 材 料 | 测量范围 | 分度号 | 安装方式 | 保护管直径 | 结构形式 |
|--------|-------|-------|----------|--------|----------|-----------|----------|
| 热电阻 1 | | | | | | | |
| 热电阻 2 | | | | | | | |
| 热电阻 3 | | | | | | | |
| 热电阻 4 | | | | | | | |

2.用万用表分别测量热电阻 1—热电阻 4 的接线盒三根引线之间的电阻值,填入下表中,判断 $R_t$ 的阻值。

| 热电阻 | 引线①—②阻值/Ω | 引线①—③阻值/Ω | 引线②—③阻值/Ω | $R_t$/Ω |
|--------|----------------|----------------|----------------|---------|
| 热电阻 1 | | | | |
| 热电阻 2 | | | | |
| 热电阻 3 | | | | |
| 热电阻 4 | | | | |

## 【任务评价】

| 评价内容 | 分 值 | 得 分 |
|----------|-------|-------|
| 热电阻判断正确 | 40 分 | |
| 万用表挡位选择正确 | 20 分 | |
| 万用表读数正确 | 20 分 | |
| "$R_t$"阻值判断准确 | 20 分 | |
| 总 分 | | |
| 评 价 | | |

## 【知识拓展】

### 一、防爆式热电阻知识

防爆式热电阻/热电偶是在一般热电阻/热电偶的基础上对接线装置进行防爆处理发展起来的行业专用温度传感器,广泛应用于化工行业中生产现场伴有易燃易爆化学气体和液体等的危险场合。产品除满足热电阻/热电偶的通用标准外,还符合《工业热电偶与热电阻隔爆技术条件》(JB 5518—1991)的要求。

防爆式热电阻/热电偶与一般热电阻/热电偶的主要区别在于接线端采用了隔爆接线盒。隔爆接线盒在设计上采用了防爆特殊结构,用高强度铝合金压铸而成,并具有足够的内部空间、壁厚和机械强度,橡胶密封圈的热稳定性也符合国家防爆标准。当接线盒内部的爆炸性混合气体发生爆炸时,其内压不会破坏接线盒,由此产生的热能不会向外扩散和传播。

防爆标志说明:

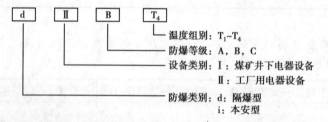

### 二、常规装配热电阻的型号标记方法

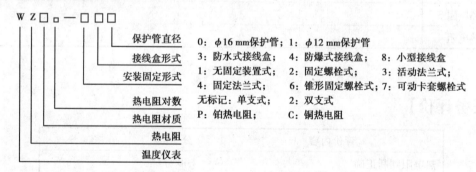

# 任务3    使用热电阻

## 【任务分析】

认识热电阻的测温原理,掌握热电阻的综合应用。

## 【知识准备】

### 一、简单的温度测量系统

热电阻经常与温度显示仪表组成简单的测温系统,如图2-8所示。在组成测温系统时必须注意以下两点:

(1)热电阻和显示仪表的分度号必须一致。

(2)为了消除连接导线电阻变化的影响,必须采用三线制。

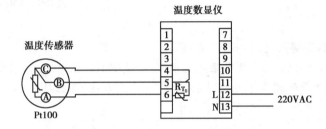

图2-8 热电阻测量示意图

### 二、与热电阻(热电偶)配套的仪表

我国生产的热电阻(热电偶)均符合ITS—90所规定的标准,其一致性非常好,所以国家又规定了与每一种标准热电阻(热电偶)配套的仪表,它们的显示值为温度,而且均已线性化。

与热电阻(热电偶)配套的仪表有动圈式仪表及数字式仪表之分。动圈式显示仪表命名为XC系列,按其功能分为指示型(XCZ)和指示调节型(XCT)。数字式仪表按其功能也分为指示型XMZ系列和指示调节型XMT系列品种。

认识XMZ—102温度显示仪表

(1)用途

与热电阻配套,用来测量温度,并用数字形式显示出来。

(2)型号说明

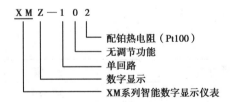

(3)主要技术指标

输入信号:配用热电阻Pt100

量程范围:−200.0～600.0 ℃

基本误差:0.2%FS ±1个字或0.5%FS ±1个字

显示位数:$3\frac{1}{2}$位,无小数点控制

分辨率:0.05%

电源电压:交流 220(1±10%)V,50 Hz

功耗:≤5 W

环境温度:0～50 ℃

相对湿度:≤90% RH

(4)仪表外形(见图 2-9)

图 2-9 XMZ-102 数显仪表

## 【任务实施】

1. 观察和了解热电阻测温原理

准备一台 XMZ—102 数字温度显示仪,一支 Pt100 热电阻,热水瓶、电源线和连接导线,按照图 2-8 测温示意图连接成实际测温系统,在以下不同的情况下,观察数字温度显示仪表的变化,填入下表中。

| 热电阻位置 | 用手反复摩擦热电阻的保护管 | 插入装满开水的热水瓶中 | 插入装有热、冷水各50%的热水瓶中 |
|---|---|---|---|
| 显示仪表变化 | | | |

2. 热电阻的综合应用

用 ZX25a 电阻箱代替热电阻构成温度测量系统。查热电阻分度表,将被测温度为 0～500 ℃时对应的电阻值填入下表中,改变电阻箱的数值,观察数字温度显示仪表的变化,并计算示值的绝对误差,填入下表中。

| 温度/℃ | 0 | 50 | 100 | 150 | 200 | 250 | 300 | 350 | 400 | 450 | 500 |
|---|---|---|---|---|---|---|---|---|---|---|---|
| $R_t$/Ω | | | | | | | | | | | |
| 显示值/℃ | | | | | | | | | | | |
| 绝对误差/℃ | | | | | | | | | | | |

## 【任务评价】

| 评价内容 | 分值 | 得分 |
|---|---|---|
| 看图接线正确 | 30分 | |
| 正确使用分度表 | 20分 | |
| 正确读取测量值 | 20分 | |
| 正确计算误差值 | 30分 | |
| 总分 | | |
| 评价 | | |

## 【知识拓展】

### 热电阻的应用举例

反应釜的温控系统如图 2-10 所示。反应釜的加热温度可以是人工控制或者自动控温,在电控箱或触摸屏显示器上实时显示温度,夹套的温度与罐内温度不一样,夹套温度更高,因为是通过夹套传热来进行罐内加热的,例如我们所使用的导热油循环加热、水浴循环加热,无论是电加热反应釜还是蒸汽加热反应釜,温度是一个重要的问题,直接影响到物料的反应。一般的三层结构反应釜,中间夹套层有一个温度传感器,内罐体有一个温度传感器,连接到电控箱上,设定温度值后,当到达预设温度反应釜会自动停止加热,还可以安装报警装置,提醒人工观察,而罐体底部的电加热棒或电加热丝也是根据加热温度配置瓦数,还有用户是否存在用电限制、加热时长等。

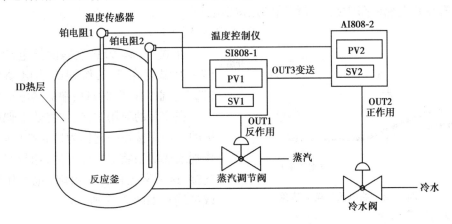

图 2-10  反应釜的温控系统

# 任务4  认识热电偶

## 【任务分析】

认识热电偶的特点、结构和材料,掌握热电偶冷端温度补偿方法。

## 【知识准备】

### 一、热电偶的测温原理

将两种不同材料的金属导体 A 和 B 串接成一个闭合回路。当两个接点的温度不同时,回路中就会产生热电动势,形成电流,此现象称为热电效应,如图 2-11 所示。这两种不同材料的金属导体组成的闭合回路称为热电偶,单个的金属导体称为热电极。热电偶是以热电效应为基础,将温度变化转换为热电势变化来实现温度测量的。

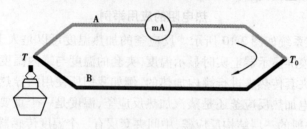

图 2-11　热电效应
T—工作端温度;A,B—热电极;$T_0$—参考端温度

在热电偶回路中,所产生的热电势是由温差电势和接触电势两部分组成的,从数值大小来看在热电偶回路中起主要作用的是接触电势。

$$E_T = E_{AE}(T) - E_{AE}(T_0)$$

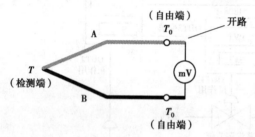

图 2-12　热电偶的实际应用

在式中,$E_T$ 为热电偶的热电动势;$E_{AE}(T)$ 为温度在 $T$ 工作端的热电动势;$E_{AE}(T_0)$ 为温度在 $T_0$ 时自由端的热电动势。

在实际的应用中,经常将热电偶两个电极的一端焊接在一起作为检测端(也称作工作端或热端);将另一端开路,用导线与仪表连接,这一端被称为自由端(也称作参考端或冷端),如图 2-12 所示。

有关热电偶回路的几点结论:

• 若组成热电偶回路的两种导体相同,则无论两接点温度如何,热电偶回路内的总热电势为零。

• 若热电偶两接点温度相同,则无论导体由何种材料制成,热电偶回路内的总热电势为零。

• 热电偶的热电势只与接点的温度有关,与导体的中间温度分布无关。

**二、热电偶的结构形式**

热电偶的结构形式主要有:装配热电偶、铠装热电偶、薄膜热电偶等。

1. 装配热电偶

装配热电偶主要由接线装置、保护管、接线端子、绝缘材料和热电偶丝等组成,并配以各种安装固定装置。装配热电偶结构示意图如图 2-13 所示,外形如图 2-14 所示。

装配热电偶温度测量范围大,能对气体、液体介质以及固定表面温度进行检测,广泛用于航空、原子能、石油、化工、冶金、机械等工业部门和科技领域。

2. 铠装热电偶

铠装热电偶通常由铠装偶元件、安装固定装置和接线装置等主要部件组成。铠装热电偶结构示意图如图 2-15 所示,外形如图 2-16 所示。

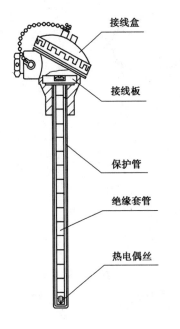

图 2-13　装配热电偶结构示意图　　　　图 2-14　装配热电偶外形

铠装热电偶具有体形细长、热响应快、耐震动、使用寿命长以及便于弯曲等优点,广泛应用于航空、原子能、石油化工、冶金、机械、电力等工业部门和科技领域,尤其适宜安装在管线狭窄、弯曲和要求快速反应、微型化的特殊测温场合。

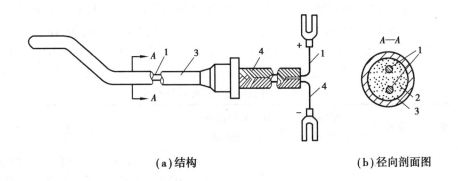

（a）结构　　　　　　　　　　（b）径向剖面图

图 2-15　铠装热电偶示意图

1—内电极;2—绝缘材料;3—薄壁金属保护套管;4—屏蔽层

### 3.薄膜热电偶

薄膜热电偶如图 2-17 所示。其测量端既小又薄,热容量小,响应速度快,便于粘贴,适用于测量微小面积上的瞬变温度。

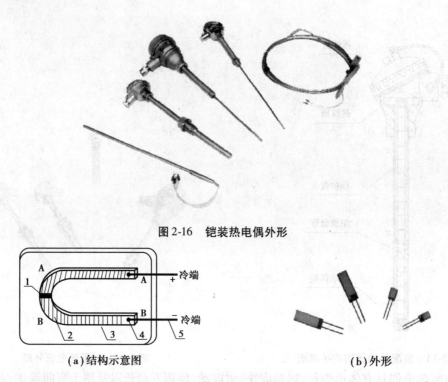

图 2-16　铠装热电偶外形

（a）结构示意图　　　　　　　　　　（b）外形

图 2-17　薄膜热电偶

1—工作端;2—薄膜热电极;3—绝缘基板;4—引线接头;5—引出线(材质与热电极相同)

### 三、热电极材料和通用热电偶

热电极和热电偶的种类繁多,我国从 1991 年开始采用国际计量委员会规定的"1990 年国际温标"(ITS-90)的新标准。按此标准,共有 8 种标准化通用热电偶,如表 2-4 所示。表 2-4 所列热电偶中,写在前面的热电极为正极,写在后面的为负极。对于每一种热电偶,ITS-90 还制定了相应的分度表,并且有相应的线性化集成电路与之对应。

表 2-4　8 种国际通用热电偶特性表

| 名　称 | 分度号 | 长期使用测温范围/℃ | 100 ℃时的热电动势/mV | 特　点 |
|---|---|---|---|---|
| 铂铑 30-铂铑$_6$ | B | 600 ~ 1 700 | 0.03 | 熔点高,测温上限高,性能稳定,精度高,100 ℃以下时热电动势极小,可不必考虑冷端补偿;价贵,热电动势小,只适用于高温域的测量 |
| 铂铑 13-铂 | R | 0 ~ 1 300 | 0.647 | 测温上限较高,性能稳定,精度高,复现性好;但热电动势较小,不能在金属蒸汽和还原性气体中使用,在高温下连续使用,特性会逐渐变坏,价贵,多用于精密测量 |

续表

| 名 称 | 分度号 | 长期使用测温范围/℃ | 100 ℃时的热电动势/mV | 特 点 |
|---|---|---|---|---|
| 铂铑 10-铂 | S | 0 ~ 1 300 | 0.646 | 同上,性能不如 R 热电偶。长期以来曾经作为国际温标的法定标准热电偶 |
| 镍铬-镍硅 | K | −40 ~ 1 200 | 4.096 | 热电动势大,线性好,稳定性好,价廉;但材质较硬,在 1 000 ℃以上长期使用会引起热电动势漂移;多用于工业测量 |
| 镍铬硅-镍硅镁 | N | −40 ~ 1 200 | 2.774 | 是一种新型热电偶,各项性能比 K 偶更好,适宜工业测量 |
| 镍铬-铜镍(康铜) | E | −40 ~ 750 | 6.319 | 热电动势比 K 偶大 50% 左右,线性好,耐高湿度,价廉;但不能用于还原性气体;多用于工业测量 |
| 铁-铜镍(康铜) | J | −40 ~ 600 | 5.269 | 价廉,在还原性气体中较稳定,但纯铁易被腐蚀和氧化,多用于工业测量 |
| 铜-铜镍(康铜) | T | −40 ~ 350 | 4.279 | 价廉,加工性能好,离散性小,性能稳定,线性好,精度高;铜在高温时易被氧化,测温上限低;多用于低温域测量 |

　　热电偶的分度表就是热电偶自由端(冷端)温度为 0 ℃时,热电偶工作端(热端)温度与输出热电势之间对应关系的表格。工业中常用的热电偶分度表见附录 B。直接从热电偶的分度表查找温度与热电势的关系时,必须注意:自由端(冷端)温度必须为 0 ℃。

**四、热电偶冷端温度的补偿**

1. 热电偶冷端的延长

实际测温时,由于热电偶长度有限,冷端温度常常不能为零或不恒定,因此会造成测量误差。工业中一般采用补偿导线来延长热电偶的冷端,使之远离高温区,同时减小测量系统的成本,如图 2-18 所示。

**注意:使用补偿导线仅能延长热电偶的冷端,不起任何温度补偿作用。**

2. 热电偶冷端温度的补偿

对于冷端温度不能为零或不恒定而造成的测量误差,常采用以下方法进行补偿。

(1)冷端恒温法

将热电偶的正负极与铜导线连接,并把连接点置入装有冰水混合物的容器(或恒温

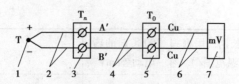

**图 2-18 利用补偿导线延长热电偶的冷端**

1—测量端;2—热电极;3—接线盒 1(中间温度);4—补偿导线;

5—接线盒 2(新的冷端);6—铜引线;7—毫伏表

器)中,再将铜导线与显示仪表或电位差计连接,根据连接导体定律和均质导体定律可知,这时测得的热电动势就是热电偶的总电势,反映的温度就是测量端的真实温度。这种方法较复杂但准确度高,多用于计量部门和实验室中的精确测量。

此种方法也称冰浴法,图 2-19 为冰浴法接线图。

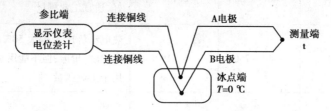

**图 2-19 冰浴法接线图**

(2)计算修正法

当热电偶的冷端温度 $t_0 \neq 0\ ℃$ 时,由于热端与冷端的温差随冷端的变化而变化,所以测得的热电势 $E_{AB}(t, t_0)$ 与冷端为 $0\ ℃$ 时所测得的热电势 $E_{AB}(t, 0\ ℃)$ 不等。若冷端温度高于 $0\ ℃$,则 $E_{AB}(t, t_0) < E_{AB}(t, 0\ ℃)$。可以利用下式计算并修正测量误差:

$$E_{AB}(t, 0\ ℃) = E_{AB}(t, t_0) + E_{AB}(t_0, 0\ ℃)$$

**例** 用镍铬-镍硅(K 分度)热电偶测炉温时,其冷端温度 $t_0 = 30\ ℃$,在直流毫伏表上测得的热电动势 $E_{AB}(t, 30\ ℃) = 38.505\ mV$,试求炉温为多少?

**解** 查镍铬-镍硅(K)热电分度偶表,得到 $E_{AB}(t_0, 0) = 1.203\ mV$。根据上式有

$$E_{AB}(t, 0) = E_{AB}(t, t_0) + E_{AB}(t_0, 0)$$

$$= 38.505\ mV + 1.203\ mV$$

$$= 39.708\ mV$$

反查镍铬-镍硅(K)热电偶分度表,求得 $t = 960\ ℃$。

该方法适用于热电偶冷端温度较恒定的情况。在智能化仪表中,查表及运算过程均可由计算机完成。

(3)仪表机械零点调整法

当热电偶与动圈表配套使用时,若热电偶的冷端温度较恒定,对测量精度要求不高时,可将动圈表的机械零点调整至热电偶冷端所处温度 $t_0$ 处,这相当于在输入热电偶的热电动势前就给仪表输入一个热电动势 $E(t_0, 0\ ℃)$。这样,仪表在使用时所指示的值约为

$E(t,t_0) + E(t_0,0\ ℃)$。

该方法虽然有一定的误差,但非常简便,在工业生产上经常采用。

(4)电桥补偿法

电桥补偿法是利用不平衡电桥产生的不平衡电压来自动补偿热电偶因冷端温度变化而引起的热电动势变化值,可购买与被补偿热电偶对应型号的补偿电桥,如图 2-20 所示。

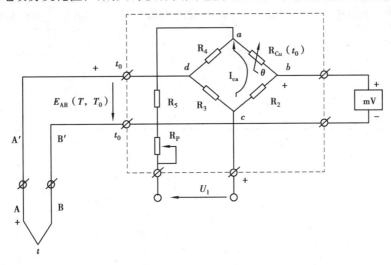

**图 2-20　冷端补偿器接线法**

(5)软件处理法

不必全靠硬件进行热电偶冷端处理,可将测得相应数据输入计算机,按照运算公式设计一些程序.,便能自动进行冷端温度补偿。

## 【任务实施】

1. 根据给出的热电偶,仔细观察,将相关指标填入下表中。

| 热电偶 | 型　号 | 材　料 | 测量范围 | 分度号 | 安装方式 | 保护管直径 | 结构形式 |
|---|---|---|---|---|---|---|---|
| 热电偶 1 | | | | | | | |
| 热电偶 2 | | | | | | | |
| 热电偶 3 | | | | | | | |
| 热电偶 4 | | | | | | | |

2. 了解热电偶基本特性

(1)准备器材:数字万用表、酒精灯、Φ0.4 mm、长约 250 mm 的漆包铜线和康铜丝各一根。

（2）用上述两段金属丝制成一个可以临时使用的简易热电偶。

（3）将数字万用表拨至DC200 mV挡后接热电偶。

（4）在热电偶的工作端分别处于下列状态时（见图2-21），观察万用表电压显示值的变化，并将观察测量结果填入下表中。

| 热电偶工作端状态 | 室温下 | 逐渐接近加热源 | 处于加热源下 | 逐渐远离加热源 |
|---|---|---|---|---|
| 万用表显示结果/mV | | | | |
| 结　论 | | | | |

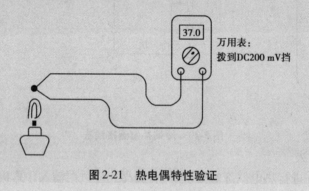

图 2-21　热电偶特性验证

## 【任务评价】

| 评价内容 | 分　值 | 得　分 |
|---|---|---|
| 正确判断热电偶指标 | 30 分 | |
| 正确制作简易热电偶 | 30 分 | |
| 万用表读数正确 | 10 分 | |
| 观察分析正确 | 20 分 | |
| 安全操作 | 10 分 | |
| 总　分 | | |
| 评　价 | | |

# 【知识拓展】

## 一、热电偶的回路特性

### 1. 均质导体定律

只要构成热电偶的两电极是均质导体,那么其热电动势就只与测量端和参比端两个接点的温度有关,而与温度分布、热电极的长度及直径无关。该定律应用于热电偶的生产与质量控制。

### 2. 中间导体定律

如果在热电偶的回路中加入一中间导体(见图 2-22),只要中间导体的两端温度相同,那么对回路的热电势就没有影响。该定律应用于热电偶的计算与分析。

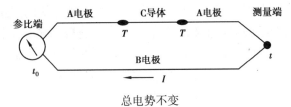

总电势不变

**图 2-22  中间导体定律**

### 3. 中间温度定律

如果在一支热电偶上取一中间温度点(见图 2-23),回路中的总热电动势就等于热端—中间、中间—冷端两段电势的代数和。该定律应用于热电偶的计算与分析。

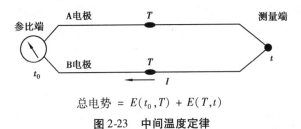

$$总电势 = E(t_0, T) + E(T, t)$$

**图 2-23  中间温度定律**

### 4. 连接导体定律

如果两支热电偶正负极对接,而且正负接点温度相同,那么回路中的总电势就等于这两支热电偶电动势的代数和。该定律应用于热电偶测试过程中采用补偿导线,如图 2-24 所示。

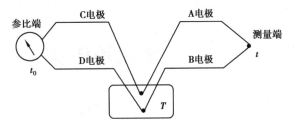

$$总电势 = E_{AB}(T, t) + E_{CD}(t_0, T)$$

**图 2-24  连接导体定律**

### 5. 参考电极定律

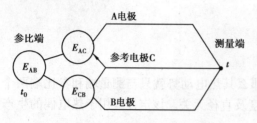

$$总电势 E_{AB} = E_{AC} + E_{CB}$$

**图 2-25　参考电极定律**

如果一支热电偶的正负极分别与另一参考电极组成热电偶(见图 2-25),而且处于同一温度下,那么这两支热电偶的电动势之和等于原热电偶的电动势。该定律应用于热电偶的分度检定。

### 二、热电偶的补偿导线

在包括常温在内的适当温度范围内(一般为 −20 ~ 200 ℃),具有与所连接的热电偶的热电特性相同的一对相互绝缘的导线,称为热电偶的补偿导线,其作用是补偿热电偶接线端至显示控制仪表之间的温差所产生的热电势。根据热电偶的连接导体定律可知:使用补偿导线连接热电偶至显示控制仪表,与热电偶直接连接到显示控制仪表,其总热电势或显示值是一样的。为了降低使用成本和方便安装,同时保证热电偶的测温精度,使用补偿导线具有重要意义。使用普通电线电缆或与热电偶的分度号不一致的补偿导线都是不允许的。

补偿导线是热电偶的附属产品,由于其生产工艺与制作热电偶有较大差别,现已形成较为独立的产品系列。补偿导线根据线芯材质分为延长型和补偿型,根据使用温度分为普通型和耐热型,根据补偿精度分为普通级和精密级。

延长型:补偿导线线芯材质的名义化学成分及其热电特性与所配用的热电偶相同,因此延长型补偿导线的补偿精度高,使用温度范围宽,当然价格也较高。

补偿型:补偿导线线芯材质的名义化学成分与所配用的热电偶不同,但在 0 ~ 200 ℃温度范围内,其热电特性与所配用的热电偶相同。其补偿精度比延长型低,价格便宜。

普通型:用聚氯乙烯做绝缘和包覆材料,一般与补偿型导线线芯配合,使用温度在 0 ~ 100 ℃。

耐热型:用聚四氟乙烯或玻璃纤维等做绝缘和包覆材料,一般与延长型导线线芯配合,使用温度在 −20 ~ 200 ℃。

采用相对廉价的补偿导线,可延长热电偶的冷端,使之远离高温区,可节约大量贵金属,而且导线易弯曲,也便于敷设。

# 任务5　使用热电偶

## 【任务分析】

认识热电偶的测温原理,掌握热电偶的综合应用。

## 【知识准备】

### 一、热电偶在测温系统中的作用

热电偶将感应到的温度信号根据热电效应转变成毫伏信号,再经补偿导线传送到温度显示(控制)仪表,经过显示仪表的转换电路将热电偶感应到的温度毫伏信号以摄氏度的形式直观地显示出来,而不是显示毫伏值,所以热电偶又称一次测温仪表。为了将温度信号引入高一级的控制系统,有时在使用过程中还需将毫伏信号转变成标准的电流信号(即温度变送器),以适应多台表共用一个信号和实现各种控制目的。

经过170多年的发展,热电偶测温技术已相当成熟。从原理上分析,热电偶可以解决所有的直接测温问题,只是在2 000 ℃左右的高温测试中因为成本太高而被间接测温仪表部分代替,在0～600 ℃范围内因为精度略低而被热电阻部分代替,还有在0～600 ℃范围内要求现场显示同时不需供电和远传的场合被双金属温度计、压力式温度计以及玻璃温度计部分代替。

### 二、常规装配热电偶型号的标记方法

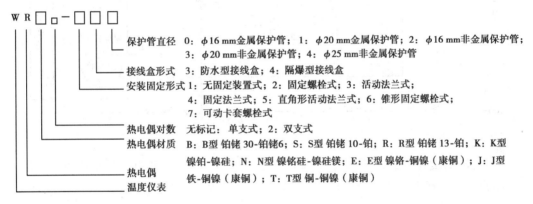

保护管直径 0:φ16 mm金属保护管;1:φ20 mm金属保护管;2:φ16 mm非金属保护管;
3:φ20 mm非金属保护管;4:φ25 mm非金属保护管
接线盒形式 3:防水型接线盒;4:隔爆型接线盒
安装固定形式 1:无固定装置式;2:固定螺栓式;3:活动法兰式;
4:固定法兰式;5:直角形活动法兰式;6:锥形固定螺栓式;
7:可动卡套螺栓式
热电偶对数 无标记:单支式;2:双支式
热电偶材质 B:B型 铂铑30-铂铑6;S:S型 铂铑10-铂;R:R型 铂铑13-铂;K:K型
镍铬-镍硅;N:N型 镍铬硅-镍硅镁;E:E型 镍铬-铜镍(康铜);J:J型
铁-铜镍(康铜);T:T型 铜-铜镍(康铜)
热电偶
温度仪表

## 【任务实施】

### 电热烘箱温度控制

电热烘箱是采用热风循环送风来干燥物料,热风循环系统风源是由电机运转带动送风轮,使吹出的风吹在加热器上,形成热风,将热风由风道送入电热烘箱的工作(加热)室,且将使用后的热风再次吸入风道成为风源,再度循环加热。如果电热烘箱门使用过程中被开启,可借此送风循环系统迅速恢复操作状态温度值。

电热烘箱的控温方式较多,在此仅用智能数显仪表与温度传感器的连接来实现控制工作(加热)室的温度(注:仅用此方法做简单温控应用说明),智能仪表通常都具有上、下限报警输出继电器,我们利用该仪表的一只上限报警继电器来控制交流接触器的通断,以此实现工作(加热)室温度的控制。

**1.所需设备**

①智能数显仪 XMT52U0 （1 台）　②电热烘箱 220 V 交流　（1 台）

③热电偶　E 分度　（1 只）　④交流接触器断 220 V 交流（1 只）

⑤断路器　（1 只）　⑥万用表　（1 块）

⑦接线工具　（1 套）　⑧导线　若干

**2.操作过程**

(1)根据热电偶测温原理,按图 2-26 接线,构成温度控制系统。

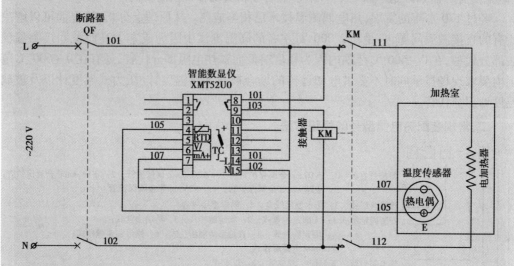

**图 2-26　热电偶测温的综合应用**

(2)将智能数显仪 XMT52U0 上限报警值设定温度为 220 ℃(低于此值,报警输出继电器闭合—常闭触点)。

(3)开启电源,由于电热烘箱内温度低于仪表设定温度 220 ℃,上限报警输出继电器闭合,交流接触器导通,加热器对电热烘箱进行加热;当电热烘箱内温度达到设定温度 220 ℃时,上限报警输出继电器动作(断开),交流接触器断开,加热器停止加热。

(4)打开电热烘箱门,电热烘箱内的温度开始下降,当温度低于 220 ℃时,上限报警输出继电器闭合,接通交流接触器,加热器再次开始给烘箱内加热,对烘箱内的温度进行调节。

在此过程中,仔细观察数显仪的变化。

# 【任务评价】

| 评价内容 | 分　值 | 得　分 |
|---|---|---|
| 正确使用设备 | 20分 | |
| 正确看图接线 | 30分 | |
| 正确设置报警 | 20分 | |
| 安全操作 | 30分 | |
| 总　分 | | |
| 评　价 | | |

# 任务6　认识热敏电阻

## 【任务分析】

了解热敏电阻的类型及特性。

## 【知识准备】

### 一、热敏电阻的特点

热敏电阻是一种利用半导体制成的新型敏感元件。

主要优点：

● 灵敏度较高,其电阻温度系数要比金属大 $10 \sim 100$ 倍以上,能检测出 $6 \sim 10$ ℃的温度变化。

● 工作温度范围宽,常温器件适用于 $-55 \sim 315$ ℃,高温器件适用温度高于 315 ℃（目前最高可达到 2 000 ℃）,低温器件适用于 $-273 \sim 55$ ℃。

● 体积小,能够测量其他温度计无法测量的空隙、腔体及生物体内血管的温度。

● 使用方便,电阻值可在 $0.1 \sim 100$ kΩ 间任意选择。

● 易加工成复杂的形状,可大批量生产。

● 稳定性好、过载能力强。

主要缺点：

● 阻值与温度的关系非线性严重。

● 元件的一致性差,互换性差。

- 元件易老化,稳定性较差。
- 除特殊高温热敏电阻外,绝大多数热敏电阻仅适合 0 ~ 150 ℃,使用时必须注意。

部分热敏电阻的外形结构及电气符号如图 2-27 所示。

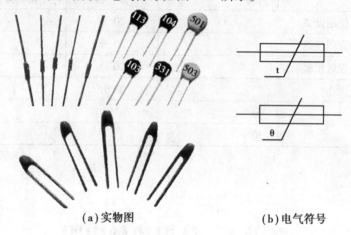

(a)实物图　　　　(b)电气符号

图 2-27　热敏电阻的外形结构及电气符号

### 二、热敏电阻的类型

热敏电阻可分为负温度系数热敏电阻(NTC)和正温度系数热敏电阻(PTC)两大类。

所谓正温度系数是指电阻的变化趋势与温度的变化趋势相同;所谓负温度系数是指当温度上升时,电阻值反而下降的变化特性。

#### 1. NTC 热敏电阻

NTC 热敏电阻的标称阻值(25 ℃时)从零点几欧至几兆欧。根据不同的用途,NTC 又可分为两大类:第一类为负指数型 NTC,用于测量温度,它的电阻值与温度之间呈负指数关系,如图 2-28 中的曲线 2 所示。在 -30 ~ 100 ℃范围内,可用于空调、电热水器测温。第二类为突变型 NTC,又称临界温度型(CTR)。当温度上升到某临界点时,其电阻值突然下降,可用于各种电子电路中抑制

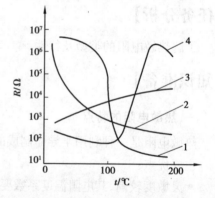

图 2-28　各种热敏电阻的特性曲线
1—突变型 NTC;2—负指数型 NTC;
3—线性型 PTC;4—突变型 PTC

浪涌电流。例如,在显像管的灯丝回路中串联一只 CTR,可减小上电时的冲击电流。负突变型热敏电阻的温度—电阻特性曲线如图 2-28 中的曲线 1 所示。

#### 2. PTC 热敏电阻

PTC 也分为线性型 PTC 和突变型 PTC 两类,其中突变型 PTC 的温度—电阻特性曲线呈非线性,如图 2-28 中的曲线 4 所示。它在电子线路中多起限流、保护作用。当 PTC 感受到的温度超过一定限度时,其电阻值突然增大。例如,电视机显像管的消磁线上就串联了一只 PTC 热敏电阻。

### 三、各种热敏电阻的性能比较

| 分类 | 正温度系数(PTC) | 负温度系数(NTC) | 临界温度系数(CTR) |
|------|------|------|------|
| 材料 | $BaTiO_3$ 或 $SrTiO_3$ 或 $PbTiO_3$ 为主要成分的烧结体 | 锰、钴、镍和铜等金属氧化物为主要成分的烧结体 | 钒、钡、锶、磷等元素氧化物的混合烧结体 |
| 特性 | 电阻值随温度的升高而增大 | 电阻值随温度的升高而下降 | 电阻值在某特定温度范围内随温度的升高而降低3~4个数量级,即具有很大的负温度系数 |
| 测量范围 | $-50 \sim 150$ ℃ | $-50 \sim 355$ ℃ | 骤变温度随添加锗、钨、钼等的氧化物而变 |
| 使用场合 | 作为彩电消磁,各种电器设备的过热保护,发热源的定温控制,暖风器、电烙铁、烘衣柜、空调的加热元件 | 点温、表面温度、温差、温场等测量自动控制及电子线路的热补偿线路 | 控温报警 |

## 【任务实施】

1.观察实验室中各种类型的热敏电阻。

2.了解热敏电阻的温度特性。

(1)准备器材:万用表、热敏电阻(50 kΩ、负温度系数)、灯泡。

(2)万用表拨至 R×1 kΩ(或 R×100 Ω)挡,调节好机械零点和欧姆零点。

(3)在热敏电阻分别处于下列状态时,观察万用表显示值的变化,并将观察测量结果填入下表中。

| 热敏电阻状态 | 温度/℃ | 万用表显示结果/Ω | 注意事项 |
|------|------|------|------|
| 室温下 | | | |
| 体温下 | 37 | | 热敏电阻握在手心时间不低于1 min |
| 灯泡烘烤下 | | | 热敏电阻距离灯泡1~2 mm |
| 结论 | | | |

## 【任务评价】

| 评价内容 | 分 值 | 得 分 |
|---|---|---|
| 正确识别热敏电阻 | 30分 | |
| 万用表读数正确 | 20分 | |
| 观察分析正确 | 30分 | |
| 安全操作 | 20分 | |
| 总 分 | | |
| 评 价 | | |

## 【知识拓展】

**一、热敏电阻的检测**

1. 常温检测（室内温度接近25 ℃）

用万用表欧姆挡（视标称电阻值确定挡位，一般为 R×1 挡），用鳄鱼夹代替表笔分别夹住 PTC 热敏电阻的两引脚测出其实际阻值，并与标称阻值相对比，二者相差在 ±2 Ω 内即为正常。实际阻值若与标称阻值相差过大，则说明其性能不良或已损坏。

2. 加温检测

在常温测试正常的基础上，即可进行第二步测试——加温检测，将一热源（例如电烙铁）靠近热敏电阻对其加热，观察万用表示数，此时如看到万用示数随温度的升高而改变，这表明电阻值在逐渐改变（负温度系数热敏电阻器 NTC 阻值会变小，正温度系数热敏电阻器 PTC 阻值会变大）。当阻值改变到一定数值时显示数据会逐渐稳定，说明热敏电阻正常；若阻值无变化，说明其性能变劣，不能继续使用。

**二、测试时的注意事项**

（1）热敏电阻是生产厂家在环境温度为 25 ℃时所测得的，所以用万用表测量热敏电阻时，亦应在环境温度接近 25 ℃时进行，以保证测试的可信度。

（2）测量功率不得超过规定值，以免电流热效应引起测量误差。

（3）注意正确操作。测试时，不要用手捏住热敏电阻，以防止人体温度对测试产生影响。

（4）注意不要使热源与 PTC 热敏电阻靠得过近或直接接触热敏电阻，以防止将其烫坏。

## 任务7 使用热敏电阻

### 【任务分析】

了解热敏电阻传感器的应用原理,掌握热敏电阻的综合应用。

### 【知识准备】

热敏电阻在家用电器、制造工业、医疗设备、运输、通信、保护报警装置和科研等方面都有广泛的应用。下面举几个例子,介绍热敏电阻的应用情况。

#### 一、热敏电阻测温

作为测量温度的热敏电阻一般结构较简单,价格也较低廉。由于热敏电阻的阻值较大,故其连接导线的电阻和接触电阻可以忽略,因此热敏电阻可以在几千米远的距离测量温度。例如,在热敏电阻测量粮仓温度项目中,其引线可长达近千米。热敏电阻的测量电路多采用桥路。图 2-29 是热敏电阻体温表原理图,利用其原理还可以用作其他测温、控温电路。图 2-30 是热敏电阻体温表外形图。

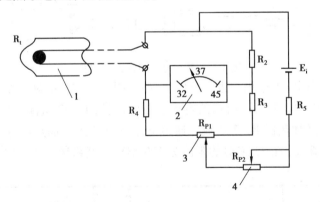

**图 2-29 热敏电阻体温表原理图**
1—热敏电阻;2—指针式显示器;3—调零电位器;4—调满度电位器

#### 二、热敏电阻用于温度补偿

热敏电阻可在一定的温度范围内用于仪表线路温度补偿和温差电偶冷端温度补偿等。例如,动圈式表头中的动圈由铜线绕制而成,温度升高,电阻增大,引起测量误差。可以在动圈回路中串入由负温度系数热敏电阻 $R_t$ 组成的电阻网络(见图 2-31),从而抵消由于温度变化所产生的误差。

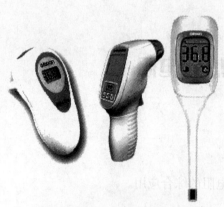

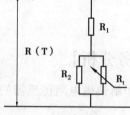

图 2-30　热敏电阻体温表外形图　　　　　　　　图 2-31　温度补偿网络

在三极管电路、对数放大器中,也常用热敏电阻组成补偿电路,补偿由于温度引起的漂移误差。

### 三、热敏电阻用于温度控制及过热保护

将突变型热敏电阻埋设在被测物中,并与继电器串联,给电路加上恒定电压。当周围介质温度升到某一定数值时,电路中的电流可以由零点几毫安突变为几十毫安,因此继电器动作,从而实现温度控制或过热保护,如图 2-32 所示。

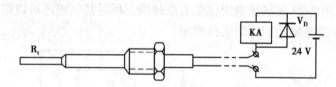

图 2-32　热敏电阻过热保护电路

热敏电阻在家用电器中用途也十分广泛,如空调、干燥器、电热水器、电烘箱温度控制等都用到热敏电阻。如图 2-33 所示的电热水器温度控制电路,电路主要由热敏电阻 $R_t$、比较器、驱动电路及加热器 $R_L$ 等组成。通过电路可自动控制加热器的开闭,使水温保持在 90 ℃。热敏电阻 $R_t$ 在 25 ℃时的阻值为 100 kΩ,温度系数为 1 K/℃。在比较器的反

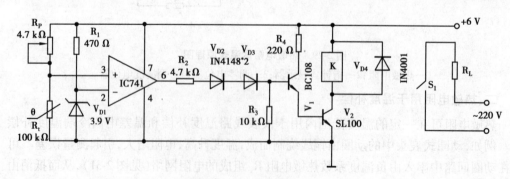

图 2-33　电热水器温度控制电路

相输入端加有 3.9 V 的基准电压,在比较器的同相输入端加有 $R_P$ 和热敏电阻 $R_t$ 的分压电压。当水温低于 90 ℃时,比较器 IC741 输出高电位,驱动 $V_1$、$V_2$ 导通,使继电器 K 工作,闭合加热器电路;当水温高于 90 ℃时,比较器 IC741 输出端变为低电位,$V_1$ 和 $V_2$ 截止,继电器 K 则断开加热器电路。调节 $R_P$ 可得到要求的水温。

## 【任务实施】

1. 制作一个简单热控电路

用热敏电阻、小灯泡、电池、调节电阻、连接导线自行设计一个用热敏电阻控制小灯泡的电路,使温度较高时小灯泡点亮,温度较低时小灯泡熄灭。

2. 查阅关于热敏电阻应用的资料,完成题为"热敏电阻在家电中的应用"的一篇小论文。

## 【任务评价】

| 评价内容 | 分 值 | 得 分 |
|---|---|---|
| 设计思路正确 | 20 分 | |
| 元器件选择正确 | 30 分 | |
| 接线正确 | 20 分 | |
| 安全操作 | 30 分 | |
| 总 分 | | |
| 评 价 | | |

## 【知识拓展】

### 热敏电阻型号命名

根据标准 SJ1152-82《敏感元件型号命名方法》的规定,敏感电阻器的产品型号由下列4 部分组成:

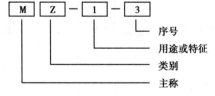

M Z — 1 — 3
序号
用途或特征
类别
主称

(1)主称、类别部分的符号及意义如表 1-5 所示。

表1-5　敏感电阻器型号中主称、类别部分的符号所表示的意义

| 主　称 | | 类　别 | |
|---|---|---|---|
| 符　号 | 意　义 | 符　号 | 意　义 |
| M | 敏感<br>电阻器 | F | 负温度系数热敏电阻器（NTC） |
| | | Z | 正温度系数热敏电阻器（PTC） |
| | | G | 光敏电阻器 |
| | | Y | 压敏电阻器 |
| | | S | 湿敏电阻器 |
| | | Q | 气敏电阻器 |
| | | L | 力敏元件 |
| | | C | 磁敏元件 |

（2）用途或特征部分用数字表示时，应符合表1-6的规定；用字母表示时，应符合表1-7的规定。

（3）序号部分用数字表示。

表1-6　敏感电阻器型号中用途或特征部分的数字所表示的意义

| 数字<br>电阻器 | 0 | 1 | 2 | 3 | 4 | 5 | 6 | 7 | 8 | 9 |
|---|---|---|---|---|---|---|---|---|---|---|
| 负温度系数<br>热敏电阻器 | 特殊用 | 普通用 | 稳压用 | 微波<br>测量用 | 旁热式 | 测温用 | 控温用 | | 线性型 | |
| 正温度系数<br>热敏电阻器 | | 普通用 | 限流用 | | 延迟用 | 测温用 | 控温用 | 消磁用 | | 恒温用 |
| 光敏<br>电阻器 | 特殊用 | 紫外光 | 紫外光 | 紫外光 | 可见光 | 可见光 | 可见光 | 红外光 | 红外光 | 红外光 |
| 力敏<br>电阻器 | | 硅应<br>变片 | 硅应<br>变梁 | 硅杯 | | | | | | |

表1-7　敏感电阻器型号中用途或特征部分的字母所表示的意义

| 字母<br>电阻器 | W | G | P | N | K | L | H | E | B | C | S | Q | Y |
|---|---|---|---|---|---|---|---|---|---|---|---|---|---|
| 压敏<br>电阻器 | 稳压用 | 高压<br>保护 | 高频用 | 高能用 | 高可<br>靠型 | 防雷用 | 灭弧用 | 消躁用 | 补偿用 | 消磁用 | | | |
| 湿敏<br>电阻器 | | | | | 控湿用 | | | | | 测湿用 | | | |
| 气敏<br>电阻器 | | | | | 可燃性 | | | | | | | | 烟敏 |
| 磁敏<br>元件 | 电位器 | | | | | | | 电阻器 | | | | | |

补充说明:热敏电阻器分类中的"普通",是指没有特殊的技术和结构要求。

## 【练一练】

### 一、填空题

1.热电偶是一种感温元件,它能将温度信号转换成_____信号,通过电气测量仪表的配合,就能测量出温度。热电偶测温的基本原理是_____效应。

2.按热电偶本身结构划分,有_____热电偶、铠装热电偶、_____热电偶。

3.热电阻和热敏电阻的_____都具有随温度的变化而变化的特性,可用此特性测量温度。因此,只要测量出两种温度传感器阻值的变化,就可以测量出温度。热电阻是利用_____的电阻率随温度的变化而变化的特性,将温度量转化成_____量;热敏电阻利用_____材料制成,热敏电阻又可分为_____温度系数(PTC)、_____温度系数(NTC)、_____温度系数(CTR)等几种。

4.选择热电偶和热电阻,应从以下几方面考虑。根据测温范围选择:500 ℃以上一般选择_____,500 ℃以下一般选择_____;根据测量精度选择:对精度要求较高选择_____,对精度要求不高选择_____;根据测量范围选择:_____所测量的一般指"点"温,_____所测量的一般指空间平均温度。

### 二、单项选择题

1.热电阻测量转换电路采用三线制是为了(　　)。

A.提高测量灵敏度　　　　　　　　B.减小非线性误差

C.提高电磁兼容性　　　　　　　　D.减小引线电阻的影响

2.图2-32中的$R_t$(热敏电阻)应选择(　　)热敏电阻,图2-35中的$R_t$应选择(　　)热敏电阻。

A.NTC 指数型　　　B.NTC 突变型　　　C.PTC 突变型

3.正常人的体温为37 ℃,则此时的华氏温度约为(　　),热力学温度约为(　　)。

A.32F,100K　　　B.99F,236K　　　C.99F,310K　　　D.37F,310K

4.(　　)的数值越大,热电偶的输出热电动势就越大。

A.热端直径　　　　　　　　　　B.热端和冷端的温度

C.热端和冷端的温差　　　　　　D.热电极的电导率

5.测量钢水的温度,最好选择(　　)热电偶;测量钢退火炉的温度,最好选择(　　)热电偶;测量汽轮机高压蒸气(200 ℃左右)的温度,且希望灵敏度高一些,应选择(　　)热电偶。

A.R　　　　B.B　　　　C.S　　　　D.K　　　　E.E

6.测量 CPU 散热片的温度应选用(　　)型的热电偶;测量锅炉烟道中的烟气温度,应选用(　　)型的热电偶;测量100 m深的岩石钻孔中的温度,应选用(　　)型的热电偶。

A.普通　　　　B.铠装　　　　C.薄膜　　　　D.热电堆

7. 镍铬-镍硅热电偶的分度号为( )，铂铑 13-铂热电偶的分度号是( )，铂铑 30-铂铑 6 热电偶的分度号是( )。

A. R      B. B      C. S      D. K      E. E

8. 在热电偶测温回路中经常使用补偿导线最主要的目的是( )。

A. 补偿热电偶冷端热电势的损失

B. 起冷端温度补偿作用

C. 将热电偶冷端延长到远离高温区的地方

D. 提高灵敏度

9. 在实验室中测量金属的熔点时，冷端温度补偿采用( )，可减小测量误差；而在车间，用带微机的数字式测温仪表测量炉膛的温度时，应采用( )较为妥当。

A. 计算修正法                B. 仪表机械零点调整法

C. 冰浴法                   D. 冷端补偿器法（电桥补偿法）

### 三、分析计算题

1. 铜电阻 $R_t = R_0(1 + at)$，在 0 ℃时，$R_0 = 50\ \Omega$，$a = 4.28 \times 10^{-3}$℃，求当温度为100 ℃时的电阻值。

2. 有一个金属热电阻 Pt100，采用三线制电桥，$R_1 = R_3 = R_4 = 100\ \Omega$，$U_i = 5\ V$，问：

(1) 该电阻的材料？

(2) 测温范围？

(3) 0 ℃时的电阻值？

(4) −40 ℃及 +40 ℃时的电阻值（查分度表）？

(5) 计算 $t = +40$ ℃时电桥的开路电压 $U_0$（不考虑引线电阻及 $R_{p1}$、$R_{p2}$ 的影响）

3. 用一只镍铬-镍硅热电偶测某换热器内温度，其冷端温度为 30 ℃，而显示仪表机械零位为 0 ℃，这时指示值为 400 ℃，问换热器内的真实温度为多少？

4. 用 S 分度号热电偶测温，其冷端温度为 30 ℃（对应热电动势值为 0.173 mV）。对象的温度为 1 200 ℃（对应热电动势值 11.947 mV），问测量值为多少？

5. 图 2-34 为镍铬-镍硅热电偶，A′，B′ 为补偿导线，Cu 为铜导线，已知接线盒 1 的温度 $t_1 = 40.0$ ℃，冰水温度 $t_2 = 0.0$ ℃，接线盒 2 的温度 $t_3 = 20.0$ ℃。

(1) 当 $U = 39.314$ mV 时，计算被测点温度 $t$。

(2) 如果 A′，B′ 换成铜导线，此时 $U = 37.702$ mV，再求 $t$。

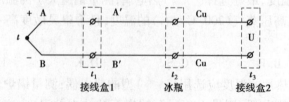

图 2-34 采用补偿导线的镍铬-镍硅热电偶测温示意图

# 项目3　湿度的检测

　　湿度是表示空气中水蒸气含量的物理量，常用绝对湿度、相对湿度、露点等表示。绝对湿度是指单位体积空气内所含水蒸气的质量，一般用 mg / L 作指标。相对湿度是单位体积空气内实际所含水蒸气的密度（用 $d_1$ 表示）和同温度下饱和水气密度（用 $d_2$ 表示）的百分比，即 $RH = \dfrac{d_1}{d_2} \times 100\%$，其中 RH 表示相对湿度，即人们日常生活中所说的空气湿度。

　　测量湿度的方法众多，目前最主要的有两种：干湿球测湿法和湿度传感器测湿法。一般说来，湿度传感器的长期稳定性和使用寿命不如干湿球，而且湿度传感器是采用半导体技术，因此对使用环境的温度有要求，超过其规定的使用温度将对传感器造成损坏，所以湿度传感器测湿法更适合于在洁净及常温的家庭环境中使用。本项目重点介绍湿度传感器。

　　湿度传感器，在精密仪器、半导体集成电路与元器件等的制造场所以及气象预报、医疗卫生、食品加工等行业都有广泛的应用。

## 【知识目标】

- 了解湿度的表示方法；
- 熟悉湿度传感器的主要参数；
- 理解湿度传感器的测温原理。

## 【技能目标】

- 会识别一般的湿度元件；
- 学会湿度传感器的正确使用；
- 能解决简单的湿度检测问题。

# 任务 1　认识湿度传感器

## 【任务分析】

本任务是了解湿度的概念和湿度传感器的分类,理解湿度传感器的工作原理,认识湿度传感器的主要参数,掌握湿度传感器的特点和用途。

## 【知识准备】

### 一、湿度表示法

空气中含有水蒸气的量称为湿度,含有水蒸气的空气是一种混合气体,主要有质量百分比和体积百分比、相对湿度和绝对湿度、露点(霜点)等表示法。

1. 质量百分比和体积百分比

质量为 $M$ 的混合气体中,若含水蒸气的质量为 $m$,则质量百分比为

$$\frac{m}{M} \times 100\%$$

在体积为 $V$ 的混合气体中,若含水蒸气的体积为 $v$,则体积百分比为

$$\frac{v}{V} \times 100\%$$

这两种方法统称为水蒸气百分含量法。

2. 相对湿度

水蒸气压是指在一定的温度条件下,混合气体中存在的水蒸气分压($p$)。而饱和蒸气压是指在同一温度下,混合气体中所含水蒸气压的最大值($p_s$)。温度越高,饱和水蒸气压越大。在某一温度下,其水蒸气压同饱和蒸气压的百分比,称为相对湿度。

$$RH = \frac{p}{p_s} \times 100\%$$

3. 绝对湿度

绝对湿度表示单位体积空气内,所含水蒸气的质量,其定义为

$$\rho_v = \frac{m}{V}$$

式中　$m$——待测空气中水蒸气质量;

　　　$V$——待测空气的总体积;

　　　$\rho_v$——待测空气的绝对湿度。

如果待测空气是由水蒸气和干燥空气组成的二元理想混合气体,根据道尔顿分压定律和理想气体状态方程,得

$$\rho = \frac{pM}{RT}$$

式中 $p$——空气中水蒸气分压；

$M$——水蒸气的摩尔质量；

$R$——理想气体常数；

$T$——空气的绝对温度。

4. 露(霜)点

水的水饱和蒸气压随温度的降低而逐渐下降。在同样的空气水蒸气压下,温度越低,空气的水蒸气压与同温度下水的饱和水蒸气压差值越小。当空气温度下降到某一温度时,空气中的水蒸气压与同温度下水的饱和水蒸气压相等。此时,空气中的水蒸气将向液态转化而凝结成露珠,相对湿度 RH 为 100%。该温度,称为空气的露点温度,简称露点。如果这一温度低于 0 ℃时,水蒸气将结霜,又称为霜点温度,两者统称为露点。空气中水蒸气压越小,露点越低,因而可用露点表示空气中的湿度。不同湿度空气的霜点温度如图 3-1 所示。

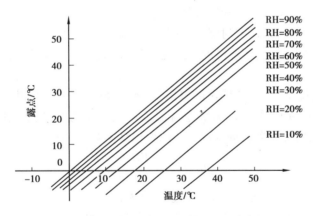

图 3-1 不同湿度空气的霜点温度

**二、湿度传感器的主要参数**

1. 湿度量程

湿度量程是指湿度传感器技术规范中所规定的感湿范围。全湿度范围用相对湿度 RH(0 ~ 100%)表示,它是湿度传感器工作性能的一项重要指标。

2. 感湿特征量——相对湿度特性

在规定的工作湿度范围内,湿度传感器的电阻值随环境湿度变化的关系特性曲线,简称阻湿特性。有的湿度传感器的电阻值随湿度的增加而增大,这种是正特性湿敏电阻器,如 $Fe_3O_4$ 湿敏电阻器。有的阻值随着湿度的增加而减小,这种是负特性湿敏电阻器,如 $TiO_2$-$SnO_2$ 陶瓷湿敏电阻器。对于这种湿敏电阻,低湿时阻值不能太高,否则不利于与测量系统或控制仪表相连接。

3. 感湿灵敏度

感湿灵敏度简称灵敏度,又称为湿度系数,是指在某一相对湿度范围内,相对湿度改变1%时,湿度传感器电参量的变化值或百分率。

各种不同的湿度传感器,对灵敏度的要求各不相同,对于低湿型或高湿型的湿度传感器,它们的量程较窄,对灵敏度要求很高。但对于全湿型湿度传感器,并非灵敏度越大越好,因为电阻值的动态范围很宽,给配制二次仪表带来不利,所以灵敏度的大小要适当。

4. 特征量温度系数

特征量温度系数反映湿度传感器的感湿特征量——相对湿度特性曲线随环境温度而变化的特性。感湿特征量随环境温度的变化越小,环境温度变化所引起的相对湿度的误差就越小。

在环境温度保持恒定时,湿度传感器特征量的相对变化量与对应的温度变化量之比,称为特征量温度系数。

$$电阻温度系数 = \frac{R_1 - R_2}{R_1 \Delta T} \times 100\%$$

$$电容温度系数 = \frac{C_1 - C_2}{C_1 \Delta T} \times 100\%$$

式中　$\Delta T$——温度 25 ℃与另一规定环境温度之差;

　　　$R_1(C_1)$——温度为 25 ℃时湿度传感器的电阻值(或电容值);

　　　$R_2(C_2)$——另一规定环境温度时湿度传感器的电阻值(或电容值)。

5. 感湿温度系数

在两个规定温度下,湿度传感器的电阻值(或电容值)相等时,其对应的相对湿度之差与两个规定的温度变化量之比,称为感湿温度系数。其也可以表示在环境温度每变化 1 ℃时,所引起的湿度传感器的湿度误差。感湿温度系数

$$(\%RH/℃) = \frac{RH_1 - RH_2}{\Delta T}$$

式中　$\Delta T$——温度 25 ℃与另一规定环境温度之差;

　　　$RH_1$——温度 25 ℃时湿度传感器某一电阻值(或电容值)对应的相对湿度值;

　　　$RH_2$——另一规定环境温度下湿度传感器另一电阻值(或电容值)对应的相对湿度值。

图 3-2 为感湿温度系数示意图。

6. 响应时间

在一定温度下,当相对湿度发生跃变时,湿度传感器的电参量达到稳态变化量的规定比例所需要的时间。一般是以相应的起始和终止这一相对湿度变化区间的 63% 作为相对湿度变化所需要的时间,也称时间常数,它是反映湿度传感器相对湿度发生变化时,其反应速度的快慢,单位是 s。也有规定从起始到终止 90% 的相对湿度变化作为响应时间的情况。响应时间又分为吸湿响应时间和脱湿响应时间。大多数湿度传感器都是脱湿响应时间大于吸湿响应时间,一般以脱湿响应时间作为湿度传感器的响应时间。

7. 电压特性

当用湿度传感器测量湿度时,所加的测试电压,不能用直流电压。这是由于加直流电压引起感湿体内水分子的电解,致使电导率随时间的增加而下降,故测试电压采用交流

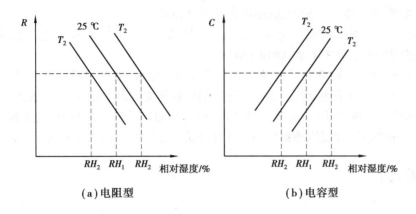

图 3-2 感湿温度系数示意图

电压。

图 3-3 表示的是湿度传感器的电阻与外加交流电压之间的关系。可见,测试电压小于5 V时,电压对电阻—湿度特性没有影响。但交流电压大于15 V时,由于产生焦耳热,对湿度传感器的电阻—湿度特性产生了较大影响,因而一般湿度传感的使用电压都小于10 V。

8. 频率特性

湿度传感器的阻值与外加测试电压频率的关系,如图 3-4 所示。在高湿时,频率对阻值的影响很小;当低湿高频时,随着频率的增加,阻值下降。对这种湿度传感器,在各种湿度下,当测试频率小于 103 Hz 时,阻值不随使用频率而变化,故该湿度传感器上限频率为103 Hz。湿度传感器的上限频率由实验确定。直流电压会引起水分子的电解,因此,测试电压频率也不能太低。

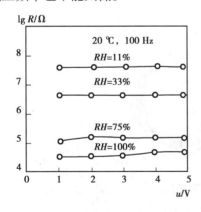

图 3-3 湿度传感器的电阻与
外加交流电压之间的关系

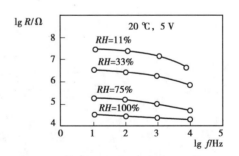

图 3-4 湿度传感器的阻值与
外加测试电压频率的关系

**三、湿度传感器的分类**

湿度传感器按照使用材料和工作原理的不同,常分为电解质型、陶瓷型、高分子型、单晶半导体型等多种类型。

(1)电解质型:以氯化锂为例,在绝缘基板上制作一对电极,涂上氯化锂盐胶膜。氯化锂极易潮解,并产生离子导电,随湿度升高而电阻减小。

(2)陶瓷型:一般以金属氧化物为原料,通过陶瓷工艺,制成一种多孔陶瓷,利用的是多孔陶瓷的阻值对空气中水蒸气的敏感特性。

(3)高分子型:先在玻璃等绝缘基板上蒸发梳状电极,通过浸渍或涂覆,使其在基板上附着一层有机高分子感湿膜。有机高分子的材料种类也很多,工作原理也各不相同。

(4)单晶半导体型:所用材料主要是硅单晶,利用半导体工艺制成,主要制成二极管湿敏器件和 MOSFET 湿度敏感器件等。其特点是易于和半导体电路集成在一起。

## 【任务实施】

### 1.认识常见的湿度传感器

观察实验室里的湿度传感器,结合传感器使用手册查阅,进一步了解湿度传感器的基本特点。图 3-5 为湿敏元件的外形,图 3-6 为电压输出型湿度传感器。

图 3-5  湿敏元件的外形

图 3-6  电压输出型湿度传感器

### 2.观察两只湿度传感器,把主要参数记录在下表中

| 温度传感器 | 供电电压 | 精度 | 量程 | 输出 | 电流 | 迟滞 | 稳定性 | 工作温度范围 | 反应时间 |
|---|---|---|---|---|---|---|---|---|---|
| 湿度传感器 1 | | | | | | | | | |
| 湿度传感器 2 | | | | | | | | | |

**想一想**

湿度表示方法有哪些?

## 【任务评价】

| 评价内容 | 分　值 | 得　分 |
|---|---|---|
| 了解湿度表示法 | 30分 | |
| 了解湿度传感器的分类 | 30分 | |
| 了解湿度传感器的参数 | 40分 | |
| 总　分 | | |
| 评　价 | | |

## 【知识拓展】

### 湿度传感器的结构和特性

**一、电解质湿度传感器**

电解质是以离子形式导电的物质,分为固体电解质和液体电解质。若物质溶于水中,在极性水分子作用下,能全部或部分地离解为自由移动的正、负离子,称为液体电解质。电解质溶液的电导率与溶液的浓度有关。

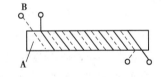

图3-7　氯化锂湿度传感器的结构
A—涂有聚苯乙烯薄膜
的圆筒;B—钯丝

典型的氯化锂湿度传感器是在聚苯乙烯圆管上做出两条相互平行的钯引线作电极,在该聚苯乙烯管上涂覆一层经过处理的聚乙烯醋酸盐和氯化锂水溶液的混合液,以形成均匀薄膜。氯化锂湿度传感器的结构如图3-7所示。

不同感湿范围氯化锂的电阻-湿度特性如图3-8所示。把不同感湿范围的单片湿度传感器组合起来,可制成相对湿度工作量程为20%～90%的湿度传感器。如图3-9所示为组合式氯化锂的电阻-湿度特性,图3-10为组合式氯化锂湿度传感器结构图。

**二、陶瓷湿度传感器**

利用半导体陶瓷材料制成的陶瓷湿度传感器具有许多优点:测湿范围宽,可实现全湿范围内的湿度测量;工作温度高,常温湿度传感器的工作温度在150 ℃以下,而高温湿度

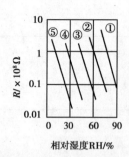

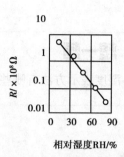

图 3-8　氯化锂的电阻-湿度特性

①—PVAC；②—0.25% LiCl；③—0.5% LiCl；

④—1.0% LiCl；⑤—2.2% LiCl

图 3-9　组合式氯化锂的电阻-湿度特性

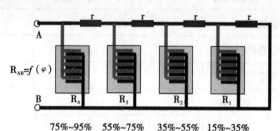

图 3-10　组合式氯化锂湿度传感器结构图

传感器的工作温度可达 800 ℃；响应时间较短,精度高,抗污染能力强,工艺简单,成本低廉。

常见的陶瓷湿敏电阻如下：

①二氧化钛-五氧化二钒($TiO_2$-$V_2O_5$)；

②$K_2O$-$Fe_2O_3$(氧化铁-氧化钾)；

③$Mn_3O_4$-$TiO_2$(二氧化钛-氧化锰)；

④$MgCr_2O_4$-$TiO_2$(铬酸镁—二氧化钛陶瓷湿敏)。

以上都为负特性湿度传感器,即随着环境相对湿度的增加,阻值下降。

常见的陶瓷湿敏电容是:氧化钽($Ta_2O_5$)。

**1. 陶瓷湿敏元件的结构**

图 3-11 所示为陶瓷湿敏元件结构,该湿度传感器的感湿体是氧化镁复合氧化物-二氧化钛 $MgCr_2O_4$-$TiO_2$ 系多孔陶瓷,它是负特性半导瓷。$MgCr_2O_4$ 为 P 型半导体,其电阻率较低,阻值温度特性好。将 $MgCr_2O_4$ 和 $TiO_2$ 置于高温中烧结成陶瓷体,然后将其切割成薄片,在薄片两面印制氧化钌电极,形成感湿体,在感湿体外罩上一层加热丝,用以加热清洗污垢,提高感湿能力。

**2. 陶瓷湿度传感器的主要特性与性能**

(1)电阻—湿度特性

陶瓷湿度传感器的电阻率随着湿度的增加而下降,基本按指数规律下降,称为负特性湿敏半导瓷。在单对数的坐标中,电阻—湿度特性近似呈线性关系,如图 3-12 所示。当相对湿度由 0 变为 100% 时,阻值从 107 Ω 下降到 104 Ω,即变化了 3 个数量级。还有一种材料($Fe_2O_3$ 半导瓷)的电阻率随湿度的增加而增加,称为正特性湿敏半导瓷。

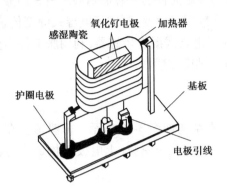

图 3-11 陶瓷湿敏元件结构图

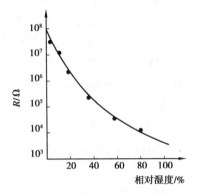

图 3-12 陶瓷湿度传感器的电阻-湿度特性

(2)电阻—温度特性

图 3-13 是在不同温度环境下,测量的陶瓷湿度传感器的电阻—湿度特性。从图可见,从 20 ℃ 到 80 ℃ 各条曲线的变化规律基本一致,具有负温度系数,其感湿负温度系数为 - 0.38%/℃。如果要求精确的湿度测量,需要对湿度传感器进行温度补偿。

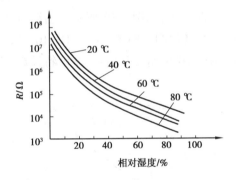

图 3-13 $MgCr_2O_4$-$TiO_2$ 系湿度传感器的电阻-温度特性

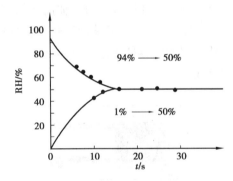

图 3-14 $MgCr_2O_4$-$TiO_2$ 系湿度传感器的时间响应特性

(3)响应时间

响应时间特性如图 3-14 所示。从图中可知,响应时间小于 10 s。

(4)稳定性

将制成的 $MgCr_2O_4$-$TiO_2$ 系陶瓷类湿度传感器做各种实验:高温负荷实验(大气中,温度 150 ℃,交流电压 5 V,时间 104 h);高温高湿负荷试验(湿度大于 95%,温度 60 ℃,交流电压 5 V,时间 104 h);常温常湿试验(湿度 10% ~ 90%,温度 - 10 ℃ ~ +40 ℃);油气循环试验(油蒸气↔加热清洗循环 25 万次,交流电压 5 V)。经过以上各种试验,大多数陶瓷湿度传感器仍能可靠地工作,说明稳定性比较好。

### 三、高分子湿度传感器

用有机高分子材料制成的湿度传感器,利用湿敏元件的电容值随湿度变化的原理进行湿度测量。某些高分子电介质吸湿后,介电常数明显改变,制成了电容式湿度传感器;某些高分子电解质吸湿后,电阻明显变化,制成了电阻式湿度传感器;利用胀缩性高分子材料和导电粒子,在吸湿之后的开关特性,制成了结露传感器。

**1. 电容式高分子膜湿度传感器**

(1)结构

高分子薄膜电介质电容式湿度传感器的基本结构如图 3-15 所示。薄膜覆盖在叉形金电极(下电极)上,在感湿薄膜表面上再蒸镀一层多孔金属膜(上电极),构成平行板电容器。

(2)感湿机理与性能

电容式高分子湿度传感器,其上部多孔质的金电极可使水分子透过,水的介电系数比较大,室温时约为 79。感湿高分子材料的介电常数并不大,当水分子被高分子薄膜吸附时,介电常数发生变化。随着环境湿度的提高,高分子薄膜吸附的水分子增多,因而湿度传感器的电容量增加,所以根据电容量的变化可测得相对湿度。

(3)电容—湿度特性

其电容随着环境温度的增加而增加,基本上呈线性关系,如图 3-16 所示。当测试频率为 1.5 MHz 左右时,其输出特性有良好的线性度。对其他测试频率,如 1 kHz、10 kHz,尽管传感器的电容量变化很大,但线性度欠佳。可外接转换电路,使电容—湿度特性趋于理想直线。

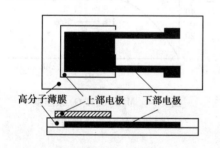

图 3-15 电容式高分子膜湿度传感器的结构

高分子薄膜　上部电极　下部电极

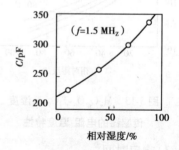

图 3-16 电容式高分子湿度传感器的
电容—湿度特性

(4)响应特性

由于高分子薄膜极薄,所以吸湿响应时间都很短,一般都小于 5 s,有的响应时间仅为 1 s。

(5)电容—温度特性

电容式高分子膜湿度传感器的感湿特性受温度影响非常小,在 5~50 ℃范围内,电容温度系数约为 0.06%/℃。

2.电阻式高分子膜湿度传感器

（1）结构

聚苯乙烯磺酸锂湿度传感器的结构如图3-17所示。

（2）电阻—湿度特性

当环境湿度变化时，传感器在吸湿和脱湿两种情况的感湿特性曲线，如图3-18所示。在整个湿度范围内，传感器均有感湿特性，其阻值与相对湿度的关系在单对数坐标纸上近似为一直线。吸湿和脱湿时湿度指示的最大误差值为3%~4%。

（3）温度特性

聚苯乙烯磺酸锂的电导率随温度的变化较为明显，具有负温度系数，如图3-19所示。在 0~55 ℃时，温度系数为 -0.6%/℃ ~ -1.0%/℃。

（4）其他特性

聚苯乙烯磺酸锂湿度传感器的升湿响应时间比较快，降湿响应时间比较慢，响应时间在 1 分钟之内。湿滞比较小，相对湿度 1%~2%。这种湿度传感器具有良好的稳定性，存储一年后，其最大变化不超过2%，完全可以满足器件稳定性的要求。

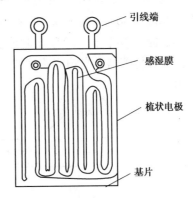

图 3-17　聚苯乙烯磺酸锂
湿度传感器的结构

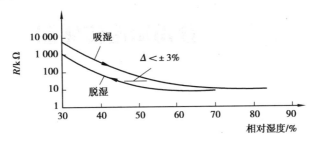

图 3-18　电阻式高分子膜湿度传感器的电阻—湿度特性

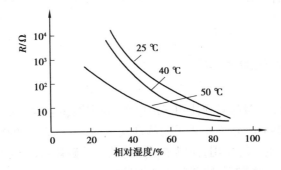

图 3-19　聚苯乙烯磺酸锂湿度传感器的湿度特性

高分子薄膜湿度传感器的缺点是：在机溶媒气体环境下测湿时，器件易损坏；另外不能用于 80 ℃ 以上的高温环境。

### 四、半导体型湿度传感器

硅 MOS 型 $Al_2O_3$ 湿度传感器是在 Si 单晶上制成 MOS 晶体管。其栅极是用热氧化法生成厚度为 80 nm 的 $SiO_2$ 膜,在此 $SiO_2$ 膜上用蒸发及阳极化方法制得多孔 $Al_2O_3$ 膜,然后再蒸镀上多孔金(Au)膜而制成。

这种传感器具有响应速度快、化学稳定性好及耐高低温冲击等特点,其结构如图 3-20 所示。

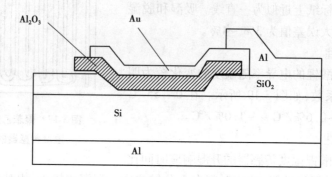

图 3-20　MOS 型 $Al_2O_3$ 湿度传感器的结构

# 任务2　使用湿度传感器

## 【任务分析】

本任务是认识湿度传感器的测量电路,掌握湿度传感器的选用方法和要点,学会湿度传感器应用电路的设计制作。

## 【知识准备】

### 一、湿度传感器检测电路的选择

#### 1. 电源选择

一切电阻式湿度传感器都必须使用交流电源,否则性能会劣化甚至失效。

电解质湿度传感器的电导是靠离子的移动实现的,在直流电源作用下,正、负离子必然向电源两极运动,产生电解作用,使感湿层变薄甚至被破坏;在交流电源作用下,正负离子往返运动,不会产生电解作用,感湿膜不会被破坏。

交流电源的频率选择是在不产生正、负离子定向积累情况下尽可能低一些。在高频情况下,测试引线的容抗明显下降,会让湿敏电阻短路。另外,湿敏膜在高频下也会产生集肤效应,阻值发生变化,影响到测湿灵敏度和准确性。

2. 温度补偿

湿度传感器具有正或负的温度系数,其温度系数大小不一,工作温区有宽有窄,所以要考虑温度补偿问题。

对于半导体陶瓷传感器,其电阻与温度的关系一般为指数函数关系,通常其温度关系属于 NTC 型,即

$$R = R_0 \exp\left(\frac{B}{T} - ARH\right)$$

式中　$RH$——相对湿度;

　　　$T$——绝对温度;

　　　$R_0$——在 $T = 0$ ℃、相对湿度 $RH = 0$ 时的阻值;

　　　$A$——湿度常数;

　　　$B$——温度常数。

若传感器的湿度温度系数为 $0.07\%/℃$,工作温度差为 $30$ ℃,测量误差为 $0.21\%/℃$,则不必考虑温度补偿;若湿度温度系数为 $0.4\%/℃$,则引起 $12\%/℃$ 的误差,必须进行温度补偿。

3. 线性化

湿度传感器的感湿特征量与相对湿度之间的关系不是线性的,这给湿度的测量、控制和补偿带来了困难,需要通过一种变换使感湿特征量与相对湿度之间的关系线性化。图3-21 为湿度传感器测量电路的原理框图。

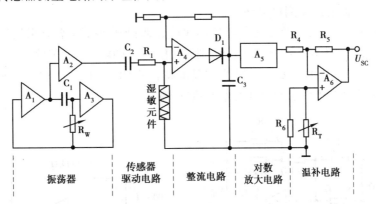

图 3-21　湿度传感器测量电路的原理框图

**二、典型电路**

1. 电桥法测湿度电路

电桥法测湿度电路框图如图 3-22 所示,振荡器对电路提供交流电源,电桥的一臂为湿度传感器,由于湿度变化使湿度传感器的阻值发生变化,于是电桥失去平衡,产生信号输出,放大器可把不平衡信号加以放大,整流器将交流信号变成直流信号,由直流毫安表显示。振荡器和放大器都由 9 V 直流电源供给。电桥法适合于氯化锂湿度传感器。

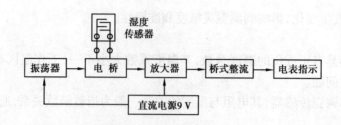

图 3-22　电桥法测湿度电路框图

便携式湿度计的实际电路如图 3-23 所示。

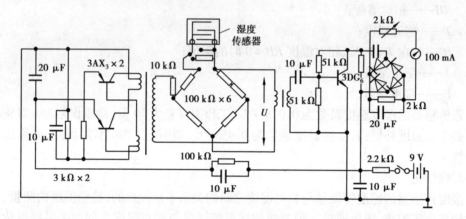

图 3-23　便携式湿度计的实际电路

2. 带温度补偿的湿度测量电路

在实际应用中,需要考虑湿度传感器的线性处理和温度补偿,常常采用运算放大器构成湿度测量电路。图 3-24 中 $R_t$ 是热敏电阻器,$R_H$ 为 H204C 湿度传感器,运算放大器型号为 LM2904。该电路的湿度电压特性及温度特性表明:在 RH 为 30% ~ 90%、15 ℃ ~ 35 ℃范围内,输出电压表示的湿度误差不超过 3%。

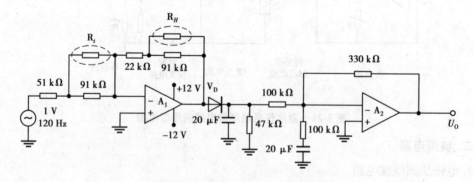

图 3-24　带温度补偿的湿度测量电路

## 【任务实施】

### 制作简易下雨报警器

1. 报警器电路原理

电路由3个单元电路组成：湿度传感器SM与$V_1$组成电子开关电路；555时基集成电路和阻容元件组成延时电路；$IC_2$为软封装音乐集成电路。湿度报警器电路原理图如图3-25所示。

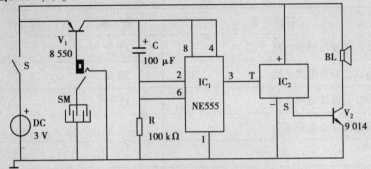

**图3-25 简易湿度报警器电路原理图**

湿度报警器的工作原理：平时湿度传感器处于开路状态，$V_1$集电极无电压输出，这里$V_1$相当于受湿度控制的电子开关。当湿度传感器感受到导通的湿度时，$V_1$导通，$V_1$集电极电位升高，延时电路便开始工作计时，约10 s后，$IC_1$（555）第三脚输出高电平，触发$IC_2$发出音乐声音。

2. 制作指导

报警器所用元件比较少，制作简单，性能可靠，可用通用印制板进行焊接。外壳可选用成品音乐门铃进行改制。三极管$V_1$的基极与电源负极用导线与直径3.5 cm的插座相连，将插座固定在音乐门铃外壳上，使用时将湿敏传感器的插头插入孔内即可。印制板电路连接如图3-26所示。

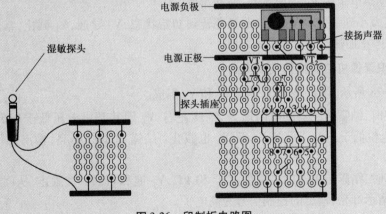

**图3-26 印制板电路图**

## 想一想

电阻式湿度传感器为什么要选择交流电源?

## 【任务评价】

| 评价内容 | 分 值 | 得 分 |
|---|---|---|
| 认识湿度传感器电路 | 15分 | |
| 仿真报警器电路正确 | 30分 | |
| 焊接报警器电路良好 | 25分 | |
| 调试报警器电路成功 | 30分 | |
| 总　分 | | |
| 评　价 | | |

## 【知识拓展】

### 一、认识自动去湿装置电路

图 3-27 中,H 为湿度传感器,$R_s$ 为加热电阻丝。在常温常湿情况下调好各电阻值,使 $V_1$ 导通,$V_2$ 截止。

当阴雨等天气使室内环境湿度增大而导致 H 的阻值下降到某值时,H 与 $R_2$ 并联之阻值小到不足以维持 $V_1$ 导通。由于 $V_1$ 截止而使 $V_2$ 导通,其负载继电器 K 通电,常开触点 Ⅱ 闭合,加热电阻丝 $R_s$ 通电加热,驱散湿气。

当湿度减小到一定程度时,电路又翻转到初始状态,$V_1$ 导通,$V_2$ 截止,常开触点 Ⅱ 断开,$R_s$ 断电停止加热。

### 二、认识录像机结露报警控制电路

如图 3-28 所示,该电路由 $V_1$、$V_2$、$V_3$ 和 $V_4$ 组成。

在低湿时,结露传感器的电阻值为 2 kΩ 左右,$V_1$ 因其基极电压低于 0.5 V 而截止,$V_2$ 集电极电位低于 1 V ,所以 $V_3$ 及 $V_4$ 也截止。结露指示灯不亮,输出的控制信号为低电平。

在结露时,结露传感器的电阻值大于 50 kΩ,$V_1$ 饱和导通,$V_2$ 截止,从而使 $V_3$ 及 $V_4$ 导通,结露指示灯亮,输出的控制信号为高电平。

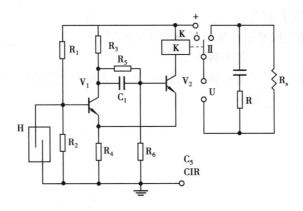

图 3-27 自动去湿装置电路

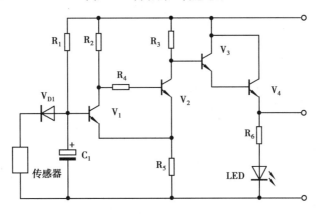

图 3-28 录像机结露报警控制电路

## 【练一练】

1. 湿度测量方法众多,目前湿度测量方案最主要的有两种,分别是_____测湿法和_____测湿法。

2. 空气中含有水蒸气的量称为_____,含有水蒸气的空气是一种_____气体。

3. 在某一温度下,其水蒸气压同饱和水蒸气压的百分比,称为_____。

4. 绝对湿度表示单位体积内,空气里所含水蒸气的_____。

5. 相对湿度为 100%时,空气中的水蒸气将向液态转化而凝结成露珠,此时简称为空气的_____。

6. 在规定的工作湿度范围内,湿度传感器的电阻值随环境湿度变化的关系特性曲线,简称_____。

7. 在某一相对湿度范围内,相对湿度改变 1%时,湿度传感器电参量的变化值或百分率称为_____。

8. 在一定温度下,当相对湿度发生跃变时,湿度传感器的电参量达到稳态变化量的规定比例所需要的时间称为_____。

9. 湿度传感器按照使用材料和工作原理的不同,常分为_____型、_____型、高分子型和_____等多种类型。

10. 湿度传感器具有正或负的温度系数,其温度系数大小不一,工作温区有宽有窄,所以要考虑_____问题。

# 项目4 物位的检测

在生产过程中，常常需要对物位进行测量和控制。通过对物位的测量，不仅能对正常的生产和管理提供数据，而且还能为成本核算和提高经济效益提供可靠的依据。在连续的生产过程中，保持某些设备内物位的一定高度（如锅炉中水位的高度），对安全生产也是必不可少的。因此，物位测量在生产中占有重要的地位。

## 【知识目标】

- 了解物位的概念；
- 了解电容式传感器的工作原理、结构类型及特点，还有其常用测试转换电路。
- 掌握电容式传感器检测液位的原理。

## 【技能目标】

- 掌握电容式传感器检测液位的综合应用。

# 任务 1　认识电容式传感器

## 【任务分析】

本任务是了解电容式传感器的工作原理、结构类型和特点,学会用电容式传感器测量液位。

## 【知识准备】

### 一、物位的概念

物位是各种容器中液体介质界面的高低,两种不溶液体介质的分界面高低和固体粉末状颗粒物料的堆积高度等的总称。

根据介质的不同,通常把物位分为液位、界位和料位三种:

液体与气体分界面的高低称为液位,如图4-1(a)所示量杯里水位的高低。

两种不溶液体介质的分界面高低称为界位,如水与油的分界面的高低。

固体粉末状颗粒物料的堆积高度称为料位,如图4-1(b)所示。

(a)液位　　　　　　　　　　　　(b)料位

图4-1　物位

### 二、电容式传感器的基本工作原理及结构类型

电容式传感器是一种十分常见的传感器,其工作原理是将被测物理量的变化转变为电容值的变化,再经过测量转换电路转换为电压、电流或频率输出。下面我们以最简单的平板电容为例来分析电容式传感器的基本工作原理。

如图4-2所示,当忽略边缘效应时,电容量 $C$ 为:

$$C = \frac{\varepsilon_0 \varepsilon_r A}{\delta} = \frac{\varepsilon A}{\delta}$$

式中　$\varepsilon$——两极板间介电常数;

图4-2　平板电容器

$\varepsilon_r$——两极板间介质相对介电常数;

$\varepsilon_0$——真空中的介电常数;$\varepsilon_0 = 8.85 \times 10^{-12} \text{F/m}$;

$A$——两极板相互遮盖的有效面积;

$\delta$——两极板间距离。

当$\varepsilon$、$A$、$\delta$三个参数中任何一个发生改变,都可以使电容量$C$随之变化。由此可知,电容式传感器的基本结构类型有三种:

(1)通过改变两极板相互遮盖的有效面积来改变电容量,我们称之为变面积式电容传感器,如图4-3所示,主要用来测量角位移或较大的线位移。

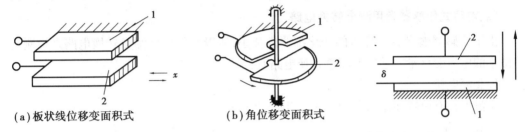

(a)板状线位移变面积式　　(b)角位移变面积式

图4-3　变面积式电容传感器
1—固定极板;2—动极板

图4-4　变极距式电容传感器
1—固定极板;2—动极板

(2)通过改变两极板间距离来改变电容量的,我们称之为变极距式电容传感器,如图4-4所示,主要用来测量微小位移。

(3)通过改变两极板间介电常数来改变电容量的,我们称之为变介电常数式电容传感器,如图4-5所示,主要用来测量物位。

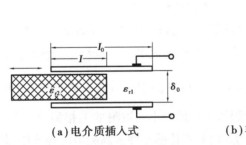
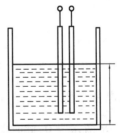

(a)电介质插入式　　(b)非导电流散材料物位的电容测量

图4-5　变介电常数式电容传感器

### 三、电容式传感器的特点

电容式传感器的特点如下:

(1)可以获得较大的相对变化量。电容式传感器的相对变化量可以达到100%,这是很多其他传感器无法相比的。

(2)对环境要求低,可以在恶劣条件下工作。例如可以在高温、低温、强辐射等恶劣条件下工作。

(3)自身发热影响小,激励源功率低。

(4)动态响应快,能适应快速测量。

（5）寄生电容影响大，非线性误差大。

传感器的初始电容量很小，而其引线电缆电容（1～2 m 导线可达800 pF）、测量电路的杂散电容以及传感器极板与其周围导体构成的电容等"寄生电容"却较大。"寄生电容"降低了传感器的灵敏度，且是随机变化的，使传感器工作不稳定，影响测量精度，其变化量甚至超过被测量引起的电容变化量，致使传感器无法工作。因此对电缆的选择、安装、接法都有要求。

随着电子技术的发展，特别是集成电路的发展，电容式传感器的缺点得到克服，在自动检测中得到越来越广泛的应用。

### 四、电容式传感器常用测量转换电路

由于传感器输出的电容值的变化都非常微小，所以必须借助测量转换电路来检测这一微小的电容变化量。常用的测量转换电路有：

#### 1.交流电桥

交流电桥有单臂和差动两种接法，如图4-6所示。

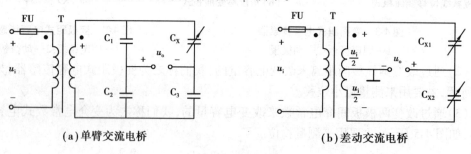

（a）单臂交流电桥          （b）差动交流电桥

**图4-6　交流电桥**

图4-6（a）中，电容 $C_1$、$C_2$、$C_3$、$C_X$ 构成交流单臂桥式电路。高频电源 $u_i$ 经变压器 T 接到交流电桥的一个对角线上，另一个对角线上接有交流电压表，用来测量输出电压 $u_o$。当被测量 $X=0$ 时，电桥平衡，此时 $\dfrac{C_i}{C_2}=\dfrac{C_X}{C_3}$，$C_X=C_0$，$u_o=0$。当输入被测量 $X\neq0$ 时，$C_X=C_0+\Delta C$，电桥失去平衡，$u_o\neq0$，此时电桥输出 $u_o$ 的大小与被测量 $X$ 相关。

图4-6（b）中，电容 $C_{X1}$ 和 $C_{X2}$ 为差动式电容式传感元件。高频电源经变压器副边接到差动式电容式传感元件上，输出电压端接有交流电压表，其输出电压为：

$$u_o = \pm\frac{\Delta C}{2C_0}u_i$$

可见，当 $C_0$ 和高频电源 $u_i$ 一定时，输出电压仅仅与电容值 $\Delta C$ 相关。为了分辨 $u_o$ 的相位，还需采用相敏检波电路。

交流电桥简单可靠，是电容式传感器最常用的电路之一。

#### 2.调频测量电路

图4-7是 LC 振荡器谐振回路的组成方框图，电容式传感元件作为 LC 振荡器谐振回路的一部分，$C_X=C_0+\Delta C$。调频振荡器的频率为：

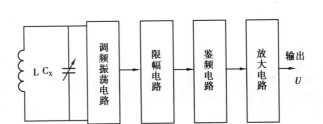

图4-7 LC振荡器谐振回路

$$f = \frac{1}{2\pi\sqrt{LC_X}}$$

当被测信号为零时，$\Delta C = 0$，振荡器有一个固有振荡频率 $f_0$，当被测信号不为零时，$\Delta C \neq 0$，此时频率为电容 $C_X$ 发生变化，使振荡器的频率 $f$ 发生相应的变化。再经过后面的限幅、鉴频和放大电路，得到与电容变化相关的输出电压 $u$。

调频测量电路抗干扰能力强，且具有较高的灵敏度，可测至 $0.01\ \mu m$ 级位移变化量，易用数字仪器测量。

3.差动脉冲调宽电路

图4-8是差动脉冲调宽电路原理图。其原理是利用对传感器电容的充放电使电路输出脉冲的宽度随传感器电容量的变化而变化，通过低通滤波器就能得到对应被测量变化的直流信号。$U_{AB}$ 经低通滤波后，就可得到一直流电压 $U_0$，经过计算分析可知，输出的直流电压与传感器两电容差值（$C_{X1} - C_{X2}$）成正比。

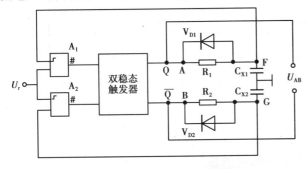

图4-8 差动脉冲调宽电路原理图　　　　图4-9 运算放大器式电路原理图

差动脉冲调宽电路适用于任何差动式电容式传感器（变面积、变极距等），并具有理论上的线性特性。

4.运算放大器式电路图

如图4-9是运算放大器式电路原理图，图中 $C_X$ 是传感器电容，$C$ 是固定电容，$u_0$ 是输出电压信号。假设放大器开环放大倍数 $A = \infty$，输入阻抗 $Z_i = \infty$，此时输出电压为：

$$u_0 = -\frac{uC}{\varepsilon S}d$$

运算放大器式电路最大的特点是能克服变极距型电容传感器的非线性，从原理上保证了变极距型电容式传感器的线性。虽然在实际中仍然存在一定的非线性误差，但一般 $A$ 和 $Z_i$ 足够大，这种误差很小，可以忽略不计。

## 【任务实施】

1. 说一说你所认识的电容式传感器？举几个例子。
2. 上网查阅,通过图片了解各类物位传感器。

### 想一想

为什么用电容传感器能够测量物位？

## 【任务评价】

| 评价内容 | 分　值 | 得　分 |
|---|---|---|
| 了解物位的概念 | 20分 | |
| 了解电容式传感器工作原理 | 40分 | |
| 了解电容式传感器的基本类型 | 20分 | |
| 能看懂电容式传感器的常用测量转换电路图 | 20分 | |
| 总　分 | | |
| 评　价 | | |

## 【知识拓展】

### 常见的物位传感器

在生产和生活中,常常需要对物位进行控制,例如对锅炉水位的控制。要控制就必须进行测量,常见的物位测量计有:

(1)直读式液位计:根据连通器原理直接观察液位高低,如图 4-10 所示的玻璃液位计。

(2)浮子式液位计:根据浮子高度随液位高低而发生变化的原理进行测量,液位上升浮子随之上升,如图 4-11(a)所示。

(3)差压式物位计:根据物位高低对某一点产生的压力不同的原理进行测量。例如物位越高,对容器底部的压力越大,如图 4-11(b)所示。

(4)电学式物位计:将物位变化转换成各种电参数的变化来进行测量。例如将物位变化转换成电容变化的电容式物位计,如图 4-11(c)所示。

(5)声学式物位计:根据声波的遮挡、反射等来测量物位。常见的有超声波物位计等,如图4-11(d)所示。

（a）玻璃液位计 　　　　（b）玻璃连通器液位计的应用

图4-10　基于连通器原理的玻璃液位计

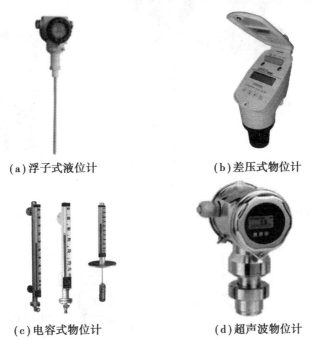

（a）浮子式液位计 　　　　（b）差压式物位计

（c）电容式物位计 　　　　（d）超声波物位计

图4-11　其他常见的物位测量计

## 任务2　电容式传感器的液位检测应用训练

## 【任务分析】

本任务是掌握电容式传感器检测液位的原理和结构特点,熟悉电容式液位计产品,会安装、调试及使用电容式液位计。

## 【知识准备】

电容式物位传感器是利用被测介质面的变化引起电容变化来进行测量的一种变介质型电容传感器。电容式液位计是以电容式物位传感器为核心元件,对液位进行测量的液位仪表,在化工等工业领域应用较广,实物如图 4-12(a)所示,其安装方式如图 4-12(b)所示。

(a)各种电容液位计实物图　　　　　　　　　　　(b)安装示意图

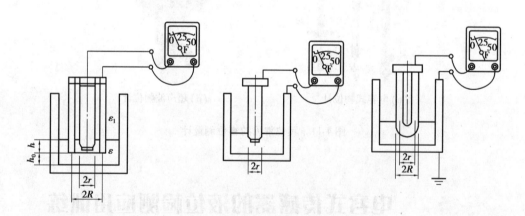

(c)同轴内外金属管式　　　　(d)金属管直插式　　　　(e)金属管外套聚四氟乙烯套管式

图 4-12　电容式液位计

电容式物位传感器根据被测介质不同可分为若干类型,主要有三种:

1. 测量非导电液体

测量非导电液体时是以该液体为介质,电容式物位传感器提供一个或两个电极。

当被测液体的稠度较低时,可以将一个金属电极外部套上一个与之绝缘的金属管(两个电极),将被测量的介质作为中间的绝缘物质,由此形成一个同轴套筒形的电容器,如图4-12(c)所示。

当被测液体黏稠性高时,可以将金属电极直接插入圆筒形容器的中央(一个电极),容器自身作为外电极而液体作为绝缘介质以形成圆筒型电容,如图4-12(d)所示。当被测液面高度变化时,两同轴电极间的介电常数将发生变化,从而导致电容的变化。

2. 测量导电液体

测量导电液体时是以该液体及导电金属液罐为一个电极,电容式物位传感器提供一个电极和绝缘的中间介质,即将带有绝缘套管的金属电极插入液体中,而将液体和容器作为另一个电极,以绝缘套管作为中间介质,使三者形成圆筒形电容器,如图4-12(e)所示。这时,内、外电极的极距就是绝缘套管的壁厚,液面变化时相当于外电极的面积在改变,从而导致电容的变化。这是一种变面积型电容传感器。

3. 电容式物位开关

如图4-13所示,电容式物位开关的工作原理是:当把探头安装于仓体上时,探极和仓壁分别相当于电容器的两个极板;由于被测物料的介电常数与空气不同,所以仓内物位发生变化时会引起探极对仓壁间的电容量发生变化,当该电容量大于用户的设定值时,限位开关控制的继电器动作,输出一个开关量达到控制(或报警)的目的。其具体安装形式有侧装和顶装两种形式。电容式物位开关常用于仓库的料位测量。

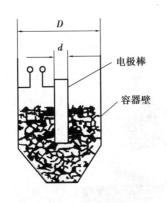

(a)电容式料位传感器原理

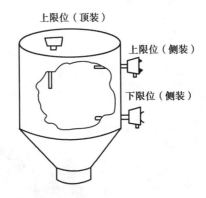

(b)电容式物位开关探极的安装方式

图4-13　电容式物位开关

常见物质的相对介电常数见下表：

| 介质名称 | 相对介电常数 | 介质名称 | 相对介电常数 |
|---|---|---|---|
| 真空 | 1 | 玻璃釉 | 3~5 |
| 空气 | 略大于1 | 二氧化硅 | 38 |
| 其他气体 | 1~1.2 | 云母 | 5~8 |
| 变压器油 | 2~4 | 干的纸 | 2~4 |
| 硅油 | 2~3.5 | 干的谷物 | 3~5 |
| 聚丙烯 | 2~2.2 | 环氧树脂 | 3~10 |
| 聚苯乙烯 | 2.4~2.6 | 高频陶瓷 | 10~160 |
| 聚四氟乙烯 | 2.0 | 低频陶瓷、压电陶瓷 | 1 000~10 000 |
| 聚偏二氟乙烯 | 3~5 | 纯净的水 | 80 |

## 【任务实施】

### 1. 认识电容式物位计

CTS-DLQ 型电容通用物位计外形如图 4-14。它把物位的变化转变成对应的 4~20 mA 信号,以便远程处理或组成系统,具有结构简单、安装方便、适应范围广等特点。其主要技术指标如下:

工作电源:AC(220(1±10%))V 或 DC24 V

功耗:<3 W

响应延时:2~3 s

图 4-14　CTS-DLQ 型电容物位计

仪表工作环境温度:-40~45 ℃

探极工作(介质)温度:普通型:-20~60 ℃

中温型: -40 ~ 200 ℃

高温型: -40 ~ 800 ℃

介质压力:压力型:≤3 MPa

（其余型号为常压）

防护等级:IP65

输出方式:4 ~ 20 mA 变送信号

负载能力:600 Ω

检测范围:11 000 pF

精度:±1% F.S

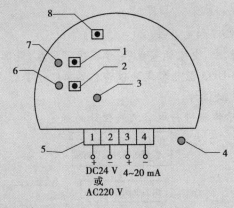

**图4-15 端子图及其功能**

CTS-DLQ 型电容通用物位计端子图和元件分布及其功能如图4-15,图中

1——满仓键(MH)。

2——空仓键(ML)。

3——运行/标定状态指示灯(DY,绿色),标定状态时熄,运行状态时亮,出厂时熄。

4——电源指示灯(DE,红色)。

5——接线端子。

6——空仓标定指示灯(DL,绿色),闪亮表示未进行空仓标定,长亮表示已完成空仓标定。

7——满仓标定指示灯(DH,绿色),闪亮表示未进行满仓标定,长亮表示已完成满仓标定。

8——清除键(MO),与空仓键、满仓键配合使用。同时按下本键和空仓键至"空仓标定指示灯"闪亮,清除原空仓标定数据;同时按下本键和满仓键至"满仓标定指示灯"闪亮,清除原满仓标定数据。

2.电容式液位计的检测

(1)把物位变送器放桌上,将端子3、4上连接上毫安表,通电预热 10 min。

（2）按下"清除＋空仓"键至"空仓标定指示灯"闪亮；再按下"清除＋满仓"键至"满仓标定指示灯"闪亮。

（3）按下空仓键至"空仓标定指示灯"变长亮。

（4）用手握住探极不放，同时按下满仓键至"满仓标定指示灯"变成长亮，此时输出电流约为 20 mA，放开握住探极的手，电流约 4 mA。以上操作结果表示物位变送器功能正常。

（5）按下"清除＋空仓"键至"空仓标定指示灯"闪亮；再按下"清除＋满仓"键至"满仓标定指示灯"闪亮，清除原标定数据。断电，准备到现场使用。

3. 用电容式液位计测水位高低

（1）准备好实验器材。

工具：尖嘴钳、螺丝刀和电烙铁（20～35 W）等；

仪表：万用表、兆欧表、电流毫安表（4 位数字万用表）等各一个；

器材：选定的 CTS-DLQ 型电容式液位传感器系统一套。

（2）安装好电容式液位计。

（3）按图 4-16 所示步骤进行电容式液位计的标定。

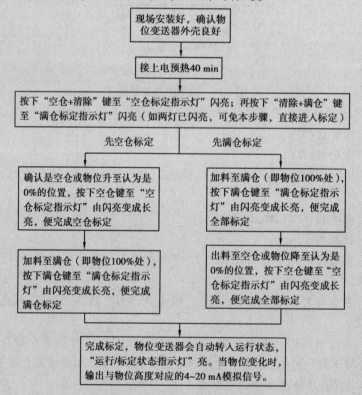

图 4-16　电容式液位计标定流程图

如果进行了不满意的标定，可按前面提到的方法清除原标定数据。

（4）调节水位高低，完成水位测量。

4. 数据记录与分析

| 被测水位/cm | | | | | | | |
|---|---|---|---|---|---|---|---|
| 理论电流/mA | | | | | | | |
| 实际电流/mA | | | | | | | |
| 误差 | | | | | | | |

(1) 分析数据,看该电容物位计是否达到精度要求。如果没有,请找出原因。

(2) 画出水位与输出电流的特性曲线,并计算其线性度。

## 想一想

(1) 能不能用电容式液位计测固体物位? 为什么?

(2) 测量位移的电容式传感器能不能改造成测液位的传感器? 怎样改造?

## 【任务评价】

| 评价内容 | 分　值 | 得　分 |
|---|---|---|
| 认识电容式传感器测液位原理 | 20分 | |
| 正确安装和使用实验器材、仪表及工具 | 20分 | |
| 按步骤进行并完成实验<br>(检测、标定、测量) | 30分 | |
| 对数据进行记录与分析 | 30分 | |
| 总　分 | | |
| 评　价 | | |

## 【知识拓展】

### 电容物位计的应用

**一、电容式油量表**

图 4-17 是电容式油量表的示意图。当油箱中注入油时,液位上升至 $h$ 处,电容的变化量 $\Delta C_X$ 与 $h$ 成正比,电容为 $C_X = C_{X_0} + \Delta C_X$。此时,电桥失去平衡,电桥的输出电压 $u$。

经放大后驱动伺服电动机,由减速箱减速后带动指针顺时针偏转,同时带动 $R_P$ 滑动,使 $R_P$ 的阻值增大,当 $R_P$ 阻值达到一定值时,电桥又达到新的平衡状态,$u_。=0$,伺服电动机停转,指针停留在转角 $\theta_{X1}$ 处。可从油量刻度盘上直接读出油位的高度 $h$。

当油箱中的油位降低时,电容传感器的电容量 $C_x$ 减小,电桥失去平衡,伺服电动机反转,指针逆时针偏转,同时带动 $R_P$ 滑动,使其阻值减少。当 $R_P$ 的阻值达到一定值时,电桥又达到新的平衡状态,$u_。=0$,于是伺服电动机再次停转,指针停留在转角 $\theta_{X2}$ 处。如此,可判定油箱的油量。

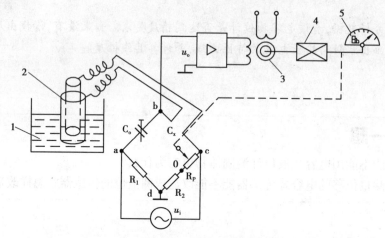

图 4-17　电容式油量表
1—油料;2—电容器;3—伺服电动机;
4—减速器;5—指示表盘

## 二、电容式料位计

电容式料位计不仅能测不同性质的液体,而且还能测量块状、颗粒状、粉状、导电性、非导电性的物料,如图 4-18 所示。但因固体摩擦力大,容易"滞留",产生虚假料位,因此一般不使用双层电极,而是只用一根电极棒。

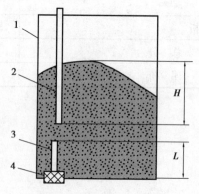

图 4-18　电容式料位计
1—金属电容;2—测量电极;3—辅助电极;4—绝缘套

　　电容式料位计在测量时,物料的温度、湿度、密度变化或掺有杂质时,会引起介电常数变化,产生测量误差。为了消除这一介质因素引起的测量误差,一般将一根辅助电极始终埋入被测物料中。辅助电极与测量电极(也称主电极)可以同轴,也可以不同轴。因介质因素波动所引起的电容变化对主电极与辅助电极是相同的,因此料位变化仅与两个电容变化量之比有关,从而起到误差补偿作用。

## 【练一练】

### 一、填空题

1. 电容式传感器是将被测物理量的变化转换成_____变化的器件。

2. 电容式传感器可以分为_____、_____和_____三种。

3. 电容式传感器中,用于测量液位的是_____式电容传感器;用于测量角位移或较大的线位移的是_____式电容传感器;用于测量微小位移的是_____式电容传感器。

4. 测量非导电液体时是以_____为介质,电容式物位传感器提供一个或两个_____。

### 二、简答题

1. 试述电容式传感器的工作原理和分类。

2. 电容式传感器常用的测量转换电路有哪几种? 各有什么特点?

# 项目5 距离的检测

　　距离测量是指测量地面或空间两点连线的长度，通常需要测定的是水平距离，即两点连线投影在某水准面上的长度。距离测量的方法很多，传统方法有量尺量距、视距测量，现在主要用各种测距仪进行测量。

　　超声波测距是常用的一种方法，超声波测距的原理是通过超声波发射器向某一方向发射超声波，在发射的同时开始计时，超声波在空气中传播时碰到障碍物就会立即返回，超声波接收器收到反射波就立即停止计时。通过超声波传播速度和传播时间，即可算出距离。

　　超声波距离传感器广泛应用在物位（液位）监测，机器人防撞，以及防盗报警等相关领域，其工作可靠，安装方便，能够防水，发射夹角可以调节，灵敏度高，方便与工业显示仪表连接。

## 【知识目标】

● 了解超声波传感器的工作原理、结构类型及特点；

● 掌握超声波传感器测量距离的原理。

## 【技能目标】

● 掌握超声波传感器测量距离的方法。

# 任务 1　认识超声波传感器

## 【任务分析】

本任务是了解距离测量的概念,了解超声波传感器的工作原理、结构类型以及特点。

## 【知识准备】

### 一、距离测量

**1. 量尺测距**

量尺测距就是用量尺直接测定两点间距离。常用的量尺主要是钢尺,如图 5-1 所示。所量距离小于尺长时,可直接测量;所量距离大于尺长时,需先标定直线再分段测量。量尺测距精度很高,但不适合大距离测量,如图 5-2 所示。

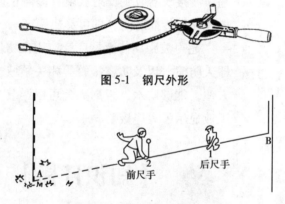

**图 5-1　钢尺外形**

**图 5-2　量尺测距示意图**

**2. 视距测量**

视距测量就是用有视距装置的测量仪器,按光学和三角学原理测定两点间距离。常用经纬仪、平板仪、水准仪和有刻划的标尺进行测量。这种测量方法在地形勘探、公路勘测等测量中经常都能看见。视距测量如图 5-3 所示。

**3. 测距仪量距**

测距仪是利用光波、超声波或电磁波对距离进行准确测定的专用仪器。常见的测距仪有激光测距仪、超声波测距仪、红外测距仪等。我们主要学习超声波测距。

### 二、认识超声波传感器

超声波是指频率大于 $2 \times 10^4$ Hz 的机械波。超声波为直线传播方式,具有指向性强,能量消耗缓慢,穿透能力强,遇到杂质或界面能产生显著的反射等特点,所以经常用超声

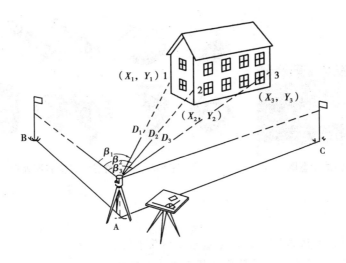

图 5-3　视距测量示意图

波来测量距离。超声波的频率越高,反射能力越强。

　　超声波测量距离是根据超声波遇到障碍物能反射回来的特性。超声波发射器向某一方向发射超声波,在发射同时开始计时,超声波在空气中传播,途中碰到障碍物就立即返回来,超声波接收器收到反射波就立即停止计时。超声波在空气中的传播速度为340 m/s,根据计时器记录的发射超声波和接收到回波的时间差 $T$,就可求出距离 $S$,如图 5-4 所示。

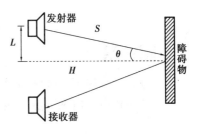

图 5-4　超声波测距离原理

　　超声波传感器通常由超声波发生传感器(简称发射探头)和超声波接收传感器(简称接受探头)两部分组成。其组成原理如图 5-5 所示。在实际应用中还需同放大电路、计数电路和显示电路等结合使用。

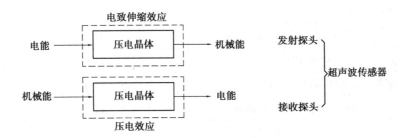

图 5-5　超声波传感器的组成原理

　　由于超声波受周围环境影响较大,所以一般测量距离比较短,测量精度也比较低,目前使用范围不是很广阔,主要应用于倒车提醒(如图 5-6),建筑工地、工业现场等距离测量,但因价格比较低,受到越来越多的关注。常见的超声波传感器外形结构如图 5-7所示。

图 5-6 　倒车雷达示意图　　　　　图 5-7 　常见的超声波传感器外形结构

## 【任务实施】

1. 说一说你所认识的超声波传感器？举几个例子。

2. 上网查阅,通过图片了解各类超声波传感器的应用。

### 想一想

（1）为什么超声波传感器必须成对使用?

（2）用超声波传感器能不能测量物位? 你还能说出超声波的其他用途吗?

## 【任务评价】

| 评价内容 | 分　值 | 得　分 |
|---|---|---|
| 了解距离测量 | 10 分 | |
| 了解超声波传感器测距离的基本原理 | 40 分 | |
| 了解超声波传感器的组成 | 20 分 | |
| 了解超声波传感器的优缺点 | 15 分 | |
| 知道超声波传感器测距离的应用场合 | 15 分 | |
| 总　分 | | |
| 评　价 | | |

# 【知识拓展】

## 超声波传感器的实际应用

超声波传感器不仅用在距离测量中,它在工业中的应用十分广泛,下面介绍几种超声波传感器的应用。

### 一、超声波测厚度

超声波测厚度常用脉冲回波法。超声波探头与被测物体表面接触,如图5-8所示,主控制器产生一定频率的脉冲信号,送往发射电路,经电流放大后激励压电式探头,产生超声波脉冲。脉冲波传到被测工件另一面被反射回来,被同一探头接收。如果超声波在工件中的声速 $v$ 是已知的,设工件厚度为 $\delta$,脉冲波从发射到接收的时间间隔 $t$ 可以测量,因此可求出工件厚度为 $\delta = \dfrac{vt}{2}$。

图5-8　超声波测厚仪

### 二、超声波探伤

超声波探伤是利用超声波透入金属材料的深处,并由一截面进入另一截面时,在界面边缘发生反射的特点来检查零件缺陷的一种方法。当超声波束自零件表面由探头通至金属内部,遇到缺陷与零件底面时会分别发生反射波,在萤光屏上形成脉冲波形,根据这些脉冲波形来判断缺陷位置和大小,如图5-9所示。仪器如图5-10所示。

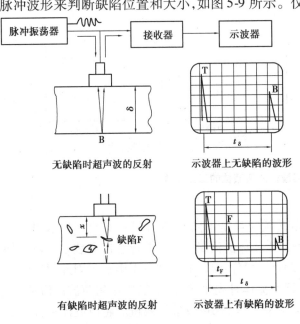

图5-9　超声波探伤原理

图5-10　数字式超声波探伤仪

### 三、超声波测物位

超声波物位传感器是利用超声波在两种介质分界面上的反射特性而制成的。探头发出的超声脉冲通过介质到达界面,经界面反射后又被探头接收。测量发射与接收超声脉冲的时间间隔和知道介质中的传播速度,即可求出探头与液面之间的距离,即求得待测的物位。图 5-11 为超声波液位计及测量系统。超声波物位传感器具有精度高和使用寿命长的特点,但若液体中有气泡或液面发生波动,便会有较大的误差。

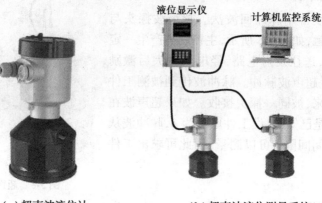

(a)超声波液位计　　　　　　(b)超声波液位测量系统

**图 5-11　超声波液位计及测量系统**

图 5-12 所示为连续式液位测量(脉冲回波式测量液位)的工作原理图。根据安装方式和使用探头数量的不同,可以分为单探头底部安装、双探头底部安装、单探头顶部安装、双探头顶部安装等数种。

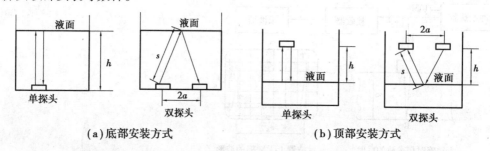

(a)底部安装方式　　　　　　(b)顶部安装方式

**图 5-12　脉冲回波式测量液位的工作原理图**

### 四、超声波测流量

超声波在静止流体和流动流体中的传输速度是不同的,利用这一特点可以求出流体的速度,再根据管道流体的截面积,便可知道流体的流量。超声波传感器安装在管道的外部,从管道的外面透过管壁发射和接收,不会给管内流动的流体带来影响。因此超声波流量传感器具有不阻碍流体流动的特点,可测流体种类很多,只要能传输超声波的流体,不论是非导电的流体,还是高黏度的流体、浆状流体,都可以进行测量。超声波流量计广泛用于自来水、工业用水、农业用水等的测量中,常见类型如图 5-13 所示。

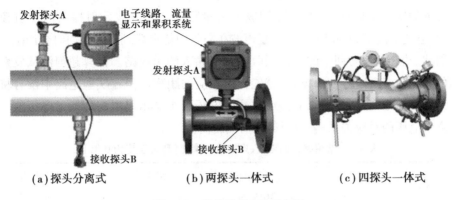

（a）探头分离式　　　　（b）两探头一体式　　　　（c）四探头一体式

图 5-13　常见的超声波流量计

# 任务 2　使用超声波传感器测量距离

## 【任务分析】

本任务是了解超声波在介质中的传播特性,掌握超声波传感器的综合应用。

## 【知识准备】

超声波是听觉阈值以外的振动,频率为 20 ~ 60 kHz。超声波在介质中可以产生三种形式的振荡波:横波、纵波、表面波。

（1）纵波:质点振动方向与波的传播方向一致的波。

（2）横波:质点振动方向垂直于传播方向的波。

（3）表面波:质点的振动介于横波与纵波之间,沿着表面传播的波。

横波只能在固体中传播,纵波能在固体、液体和气体中传播,表面波随深度增加衰减很快。为了测量各种状态下的物理量,多采用纵波。声波在不同介质中的传播速度是不同的,表 5-1 列出了常用材料的密度、声阻抗与声速。

超声波测距的原理是利用超声波在空气中的传播速度为已知,测量声波在发射后遇到障碍物反射回来的时间,然后计算出发射点到障碍物的实际距离。

测距的一般公式表示为:

$$L = CT$$

式中　$L$——测量的距离长度;

　　　$C$——超声波在空气中的传播速度;

$T$——测量距离传播的时间差(为发射到接收时间数值的一半)。

本任务的实验中以空气为介质,用纵波测量距离。超声波发射探头的发射频率为40 kHz,在空气中波速为340 m/s。当超声波在空气中传播碰到不同介面时会产生一个反射和折射波,从介面反射回来的波由接收传感器输入测量电路。计算超声波从发射到接收之间的时间差 $T$,通过公式 $L = CT$ 就能算出相应的距离。但在实验电路中没有将测量结果最终转换为距离显示出来,而是通过数字电压表头显示出电路转换的电压值。只要找出距离与电压的对应关系,就可以得到所测距离值。

表5-1 常用材料的密度、声阻抗与声速(环境温度为0 ℃)

| 材　料 | 密度<br>$\rho/(10^3 kg \cdot m^{-1})$ | 声阻抗<br>$Z/(10^3 MPa \cdot s^{-1})$ | 纵波声速<br>$C_L/(km \cdot s^{-1})$ | 横波声速<br>$C_s/(km \cdot s^{-1})$ |
|---|---|---|---|---|
| 钢 | 7.8 | 46 | 5.9 | 3.23 |
| 铝 | 2.7 | 17 | 6.32 | 3.08 |
| 铜 | 8.9 | 42 | 4.7 | 2.05 |
| 有机玻璃 | 1.18 | 3.2 | 2.73 | 1.43 |
| 甘油 | 1.26 | 2.4 | 1.92 | — |
| 水(20 ℃) | 1.0 | 1.48 | 1.48 | — |
| 油 | 0.9 | 1.28 | 1.4 | — |
| 空气 | 0.001 3 | 0.000 4 | 0.34 | |

## 【任务实施】

1.认识超声波传感器

超声波传感器利用压电陶瓷的压电效应来工作,逆压电效应将高频电振动转换成高频机械振动,从而产生超声波,可作为发射探头;而正压电效应是将超声振动波转换成电信号,可作为接收探头。

以空气为传导介质的超声探头如图5-14所示。发射器的压电片上必须粘贴了一只锥形共振盘,以提高发射效率和方向性。接收器在共振盘上还增加了一只阻抗匹配器,以滤除噪声,提高接收效率。空气传导的超声发射器和接收器的有效工作范围:几米至几十米。

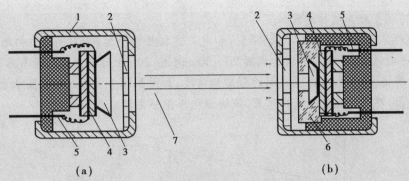

**图 5-14　空气传导型超声波发生器、接收器结构**
1—外壳;2—金属丝网罩;3—锥形共振盘;4—压电晶片;5—引脚;
6—阻抗匹配器;7—超声波束

### 2. 实验线路连接

实验连接线路图如图 5-15 所示,实验所用设备如下:

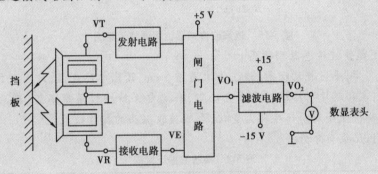

**图 5-15　实验连接线路图**

(1)超声波发射传感器,超声波接收传感器各一个。

(2)超声波传感器转换电路板。

(3)反射挡板。

(4)直流稳压电源( ±15 V)(实验箱内)。

(5)数字电压表头(实验箱内)。

按图 5-15 连线,将传感器 VT、VR 分别和转换电路板上的 VT、VR 相连,公共端与公共端相连,并给转换电路板接入 ±15 V 直流稳压电源和地线,然后将输出信号送入实验箱自带的数显表头(电压 2 V 挡)。

### 3. 用超声波传感器测距离(位移)

(1)检查超声波传感器和测量电路的好坏

将超声波发射传感器(发射探头)和超声波接收传感器(接收探头)相距30厘米左右相对放置在一条直线上,固定发射探头。接通电源,移动接收探头,看输出电压能否发生变化。若有变化,说明超声波传感器和测量电路是好的,可以开始实验;否则,不能开始实验。

（2）调整超声波传感器位置

将超声波发射传感器（发射探头）和超声波接收传感器（接收探头）相距 10 ~ 15 cm 平行放置，在离超声波传感器 20 ~ 30 cm（0 ~ 20 cm 为超声波测量盲区）处放置反射挡板，调整和接收探头间的距离和角度，如图 5-16 所示，使电压显示表头有数值输出，再调整反射挡板的位置，使输出电压能够变化。

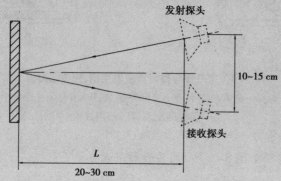

**图 5-16　超声波传感器位置调整示意图**

（3）用超声波传感器测距离

调整完毕，平行移动反射挡板，依次递增 5 cm，读出电压表值，计入表 5-2 中。

注意：在移动反射挡板时要十分小心，一定要保持挡板角度不变，因为轻微的角度变换都将使反射角产生较大变化，影响接收探头的接收效果。

4. 数据记录与分析

**表 5-2　实验数据记录表**

| 距离 $L$/cm | | | | | | | | | | |
|---|---|---|---|---|---|---|---|---|---|---|
| 输出电压 $U_o$/V | | | | | | | | | | |

（1）根据表 5-2 的实验数据画出超声波传感器的位移特性曲线，并计算其灵敏度和线性度。

（2）归纳出挡板与探头距离 $L$ 与输出电压 $U_o$ 的计算公式。

**想一想**

（1）如何使用超声波传感器制作汽车尾部防撞装置。

（2）本实验中，超声波传感器的特性是否是线性的？为什么？其线性度受到什么因素的影响？

## 【任务评价】

| 评价内容 | 分　值 | 得　分 |
|---|---|---|
| 了解超声波传感器测量距离的原理 | 20分 | |
| 能正确安装和使用实验器材、仪表及工具 | 20分 | |
| 能按步骤完成实验<br>（检测、标定、测量） | 50分 | |
| 能进行数据记录与分析 | 10分 | |
| 总　分 | | |
| 评　价 | | |

## 【知识拓展】

### 超声波传感器的使用注意事项

（1）为确保可靠性及延长使用寿命，请勿在户外或高于额定温度的地方使用超声波传感器。

（2）由于超声波传感器是以空气作为传输介质，局部温度不同时，分界处的反射和折射可能会导致误动作，风吹时检出距离也会发生变化。因此，不应在通风机之类的设备旁使用超声波传感器。

（3）由于喷气嘴喷出的喷气有多种频率，会影响超声波传感器的测量，所示不应在超声波传感器附近使用。

（4）超声波传感器表面的水滴会缩短检出距离。

（5）对于反射型超声波传感器，细粉末和棉纱之类的材料在吸收声音时无法被检出。

（6）不能在真空区或防爆区使用超声波传感器。

（7）请勿在有蒸气的区域使用超声波传感器，此区域的大气不均匀，将会产生温度梯度，从而导致测量错误。

## 【练一练】

### 一、填空题

1.距离测量是指＿＿＿＿＿＿＿＿＿＿＿＿＿的长度。

2.超声波是指频率高于＿＿＿＿＿＿＿＿Hz的＿＿＿＿＿＿波。

3.超声波的频率越高，＿＿＿＿＿＿能力越强。

4.由于超声波受周围环境影响较大，所以测量距离较＿＿＿＿，测量精度也较＿＿＿＿。

5. 超声波是听觉阈值以外的振动,频率范围为_____ ~ _____ kHz,超声波在介质中可以产生三种形式的振荡波:_____、_____、_____。

6. 超声波换能器利用_____的压电效应来工作。

## 二、简答题

试述超声波传感器测量距离的工作原理。

# 项目6    力和压力的检测

　　力是一种普遍存在的现象，因此在日常生活和生产过程中，对力和压力进行测量和控制十分常见。在工业生产中，力和压力的测量和控制是重要项目之一。例如对锅炉中蒸气和水的压力监控，是安全生产的重要保障。由此可见，力的测量是非常重要的。本项目主要介绍电阻应变式传感器的原理和应用，以及压阻式传感器的原理和应用。

## 【知识目标】

- 了解力传感器的基本组成结构；
- 了解电阻应变式传感器的工作原理，了解电阻应变片的特点、常用测量电路；
- 掌握压阻式传感器测压力的原理。

## 【技能目标】

- 掌握电阻应变式传感器的综合应用；
- 掌握压阻式传感器的综合应用。

# 任务 1　认识电阻应变式传感器

## 【任务分析】

本任务是了解力传感器的工作原理,了解电阻应变式传感器的工作原理,电阻应变片的特点以及常用测量电路的特点和选用。

## 【知识准备】

### 一、力传感器的工作原理

在中学物理中我们学习过用弹簧秤测力的大小。这种测量方法虽然可以指示力的大小,但却无法对力进行控制。在现代工业中,为了方便对力的测量和控制,通常使用力传感器。

力传感器的工作原理如图 6-1 所示。

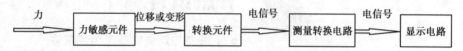

图 6-1　力传感器的工作原理

力敏感元件的作用是将力转换为位移或变形量送给传感元件来进行间接测量,通常用各种弹性元件来完成。

转换元件的作用是将位移或变形转换为电信号,送给后面的测量转换电路。常见的转换元件有电阻应变片、电容传感器、电感传感器等。

测量转换电路负责给转换元件提供必需的电源,并将其得到的电阻值、电容值或电感值转化成容易传输的电流、电压、频率等信号,送往显示或控制电路,方便读数和控制。

### 二、认识电阻应变式传感器

电阻应变式传感器是利用应变效应原理制成的一种测量微小机械变化量的传感器。它由弹性元件、电阻应变片和测量电路组成,如图 6-2 所示。其原理是外力作用在弹性元件上,使其产生变形,粘贴在弹性元件表面的电阻应变片也产生应变,其阻值将随着弹性元件的变形而变化,再通过测量电路将电阻应变片的电阻值变化测量出来,转换成电压输出,从而可以测出被测物理量的变化。利用电阻应变式传感器可以直接测量力,也可以间接测量位移、形变、加速度等参数。

电阻应变式传感器具有结构简单、测量精度高、使用方便、动态性能好等特点,被广泛应用于测量力、力矩、压力、加速度、重量等参数。

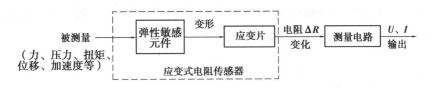

图6-2 电阻应变式传感器的组成

### 三、认识电阻应变片

电阻应变片是电阻应变式传感器的核心部分,可分为金属电阻应变片和半导体电阻应变片两种。电阻应变片的工作原理如下:

我们知道,导电材料的电阻为

$$R = \rho \frac{l}{S}$$

式中　$\rho$——导电材料的电阻率;

　　　$l$——导电材料的长度;

　　　$S$——导电材料的横截面积。

由上式可知,当材料受力变形,其长度和横截面积都会发生改变,其电阻值也相应发生变化,或者当其受力使电阻率发生变化时,其电阻值也会发生变化。

一般情况下,材料受拉力时,其长度沿轴向伸长,横截面积缩小,电阻率也会发生改变,其电阻值的变化同时受到$\Delta\rho$、$\Delta l$、$\Delta S$这3个因素的影响。

金属应变片的电阻值变化主要是由机械变形引起的。我们把这种导体或半导体在外力作用下产生机械变形,其电阻值发生变化的现象称为应变效应,金属应变片的工作原理主要是应变效应。实践证明,电阻相对变化与轴向应变成正比关系。

半导体应变片的电阻值变化主要是由电阻率变化引起的。对半导体材料的某一轴向施加一定的载荷而产生应力时,它的电阻率会发生变化,我们把这种物理现象称之为压阻效应。半导体应变片的工作原理主要是压阻效应。

电阻应变片根据材料不同可分为金属电阻应变片和半导体电阻应变片两种。

1. 金属电阻应变片

金属电阻应变片由基片、敏感栅、覆盖层和引出线组成。根据其敏感栅的形状和制造工艺不同,又可分为丝式、箔式、薄膜式等几种。

(1)金属丝式应变片:

将金属电阻丝(一般是合金,电阻率较高,直径约0.025 mm)粘贴在绝缘基片上,上面覆盖一层薄膜,使它们变成一个整体,如图6-3所示。

金属丝式应变片是最早采用的一种形式,具有电阻值准确的优点,但加工工艺复杂,散热差,U形金属丝式应变片还有较大的横向效应,影响测量精度。

(2)金属箔式应变片

利用光刻、腐蚀等工艺制成一种很薄的金属箔栅(厚度一般在0.003～0.010 mm),粘贴在基片上,上面再覆盖一层薄膜而制成,如图6-4所示。其优点是尺寸准确,线条均匀,可制成多种形状复杂尺寸准确的敏感栅,适应不同的测量要求;电阻值离散程度小,便于批量生产;与被测试件接触面积大,粘结性能好;散热条件好,允许通过的电流较大;横向效应小,可以忽略;蠕变、机械滞后小,疲劳寿命长。

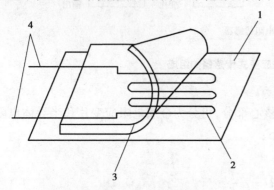

图 6-3　金属丝应变片的基本结构
1—基片;2—电阻丝;3—覆盖层;4—引出线

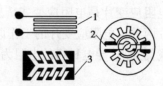

图 6-4　金属箔式应变片
1—箔栅;2—矩形敏感栅;3—圆形敏感栅

(3)金属薄膜应变片

金属薄膜应变片是采用真空蒸发或真空沉积等方法,在薄绝缘基片上制成厚度在 0.1 μm 以下的金属电阻材料薄膜敏感栅,再加上保护层形成的应变片。这种应变片易工业化批量生产,具有较高的灵敏度系数,允许电流密度大,工作温度范围较广,但电阻值离散程度大,难控制电阻与温度和时间的变化关系。

2.半导体电阻应变片

半导体应变片主要有体型、薄膜型和扩散型 3 种。

(1)体型半导体应变片

体型半导体应变片是将半导体材料硅或锗晶体按一定方向切割成的片状小条,经腐蚀压焊粘贴在基片上而制成的应变片,其结构如图 6-5 所示。

(2)薄膜型半导体应变片

薄膜型半导体应变片是利用真空沉积技术将半导体材料沉积在带有绝缘层的基底上而制成的,其结构如图 6-6 所示。

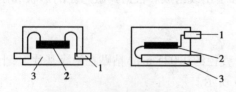

图 6-5　体型半导体应变片
1—引线;2—半导体片;3—基片

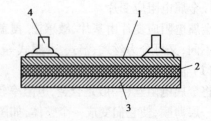

图 6-6　薄膜型半导体应变片
1—半导体膜;2—绝缘层;3—金属箔基底;4—引线

(3)扩散型半导体应变片

扩散型半导体应变片是将 P 型杂质扩散到 N 型硅单晶基底上,形成一层极薄的 P 型导电层,再通过超声波和热压焊法接上引出线就形成了扩散型半导体应变片。图 6-7 为其结构示意图。

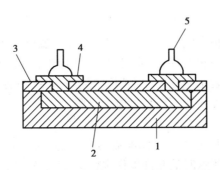

**图6-7　扩散型半导体应变片**

1—N 型硅;2—P 型杂质扩散层;3—绝缘层;4—电极;5—引线

半导体应变片与金属电阻应变片相比其灵敏度高 50～70 倍,其横向效应和机械滞后小。但它的温度稳定性差,在较大应变下,灵敏度的非线性误差大。

**四、电阻应变片的主要参数**

电阻应变片的主要参数包括电阻值、敏感栅尺寸和灵敏系数等。

**1. 应变片的电阻值**

应变片的电阻值指电阻应变片在室温环境、未经安装且不受力的情况下的电阻值。常见的电阻系列有:60,120,200,350,500,1 000 Ω 等。电阻值越大,输出信号越大,敏感栅尺寸增大 ,应变片尺寸也较大。

**2. 敏感栅尺寸**

应变片敏感栅尺寸是指敏感栅的面积,通常用 $lb$ 表示,其中 $l$ 表示敏感栅的长度,$b$ 表示敏感栅的宽度,如图6-8 所示。

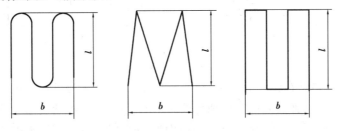

**图6-8　应变片敏感栅尺寸表示**

**3. 灵敏系数**

应变片的灵敏系数是指当应变片粘贴在处于单向应力状态的试件表面上,且其纵向(敏感栅纵线方向)与应力方向平行时,应变片的电阻变化率与试件表面贴片处沿应力方向的应变(即沿应变片纵向的应变)的比值,即

$$K = \frac{\Delta R/R}{\varepsilon}$$

式中　$\Delta R/R$——应变片的电阻变化率;

　　　$\varepsilon$——试件表面贴片处沿应力方向的纵向应变。

应变片的灵敏系数主要取决于敏感栅材料的灵敏度,同时受到敏感栅结构形式和几何尺寸、粘接技术等因素的影响,一般由生产厂家标定。常用的金属应变片的灵敏系数2.0～2.4。

## 4.应变极限

应变片的应变极限是指在温度恒定的条件下,对安装有应变片的试件逐渐加载,指示应变与被测试件真实应变的相对误差(通常规定为 10%)不超过一定数值时的真实应变值。也就是说应变极限是表示应变片在不超过规定的非线性误差时能正常工作的最大真实应变值。在使用时一定要注意不能超过应变极限。

## 5.允许工作电流

应变片的工作电流又称为最大工作电流,是指允许通过应变片而不影响其工作特性的最大电流值。一般静态测量时的允许工作电流为 25 mA 左右,动态测量时允许工作电流可达 75~100 mA,而箔式应变片的允许工作电流则可更大一些。

### 五、电阻应变式传感器的应用

电阻应变式传感器主要有以下两种应用方式:

(1)应变片直接粘贴在试件上,用来测量工程结构受力后的应力分析或所产生的应变,为结构设计、应力校正或分析结构在使用中产生破坏的原因等提供试验数据,如电阻应变仪。在测量齿轮轮齿弯矩或立柱应力时,也常在被测位置处直接粘贴应变片进行测量,如图 6-9 所示。

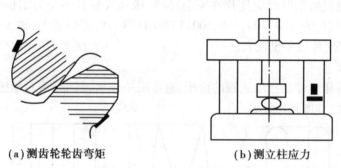

(a)测齿轮轮齿弯矩　　　　　　(b)测立柱应力

图 6-9　构件应力测定的应用

(2)将应变片粘贴在弹性元件上,进行标定后作为测量力、压力、位移等物理量的传感器。在这种情况下,弹性元件将得到与被测量成正比的应变,再通过应变片转换为电阻的变化后输出,如应变式力传感器、应变式加速度传感器。图 6-10 所示为应变式力传感器的几种形式。

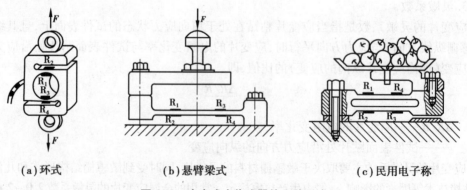

(a)环式　　　　　　(b)悬臂梁式　　　　　　(c)民用电子称

图 6-10　应变式力传感器的几种形式

## 【任务实施】

1. 说一说你所认识的电阻应变式传感器？举几个例子。
2. 上网查阅,通过图片了解各类电阻应变式传感器的应用。

**想一想**

你能不能用所学知识制作一个简易电子称？试设计一个方案。

## 【任务评价】

| 评价内容 | 分　值 | 得　分 |
|---|---|---|
| 了解力传感器的基本组成结构 | 20分 | |
| 了解电阻应变片的工作原理 | 20分 | |
| 了解电阻应变片常见类型及其特点 | 20分 | |
| 列举电阻应变片的主要参数 | 30分 | |
| 列举电阻应变片的常见应用方式 | 10分 | |
| 总　分 | | |
| 评　价 | | |

## 【知识拓展】

### 认识弹性敏感元件

凡是受力变形,外力消失后能恢复原形的元件都是弹性元件,如弹簧、橡胶密封件等。在传感器中的弹性元件是与被测物件接触,能直接感受到被测量变化的,我们称之为弹性敏感元件。也就是说弹性敏感元件是一种在力的作用下产生变形,当力消失后能恢复成原来状态的元件,是传感器的敏感元件。

弹性敏感元件能直接感受被测量的变化,在传感器中占有非常重要的地位,其质量的优劣直接影响应变式电阻传感器的性能和测量精度。

**一、认识弹性敏感元件**

弹性敏感元件通常分为两大类:力敏感元件和压力敏感元件。

**1. 力敏感元件**

力敏感元件是指将力(或力矩)转换为应变或位移的元件。力弹性敏感元件大都采用等截面柱式、等截面薄板、悬臂梁及轴状等结构。图 6-11 为常见的力敏感元件示意图。图 6-12 是几种常见的力敏感元件实物。

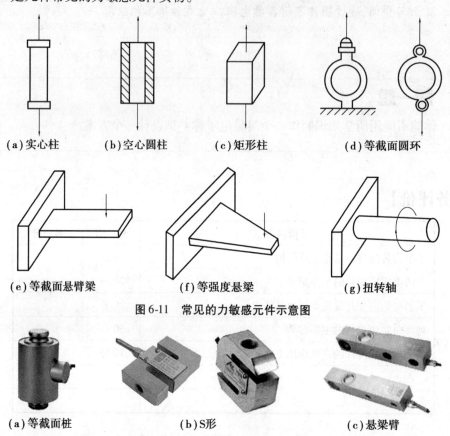

(a)实心柱　(b)空心圆柱　(c)矩形柱　(d)等截面圆环

(e)等截面悬臂梁　(f)等强度悬梁　(g)扭转轴

图 6-11　常见的力敏感元件示意图

(a)等截面桩　(b)S形　(c)悬梁臂

图 6-12　几种常见的力敏感元件实物图

**2. 压力敏感元件**

压力敏感元件是指将气体或液体的压力(即压强)转换为应变或位移的元件。常见的压力弹性敏感元件有弹簧管、波纹管、膜盒、薄壁半球和薄壁圆管等。压力敏感元件可以把液体或气体产生的压力转换为位移量输出。图 6-13 为常见的压力敏感元件示意图。图 6-14 所示为几种常见的压力弹性敏感元件实物图。

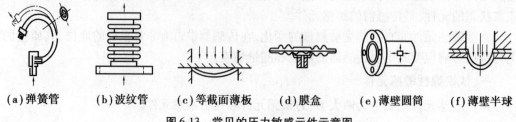

(a)弹簧管　(b)波纹管　(c)等截面薄板　(d)膜盒　(e)薄壁圆筒　(f)薄壁半球

图 6-13　常见的压力敏感元件示意图

（a）波纹管　　　　　　（b）膜盒　　　　　（c）薄壁圆管

**图 6-14　几种常见的压力弹性敏感元件**

### 二、弹性元件的基本性能

表征弹性元件主要性能指标有线性度、灵敏度、刚度、弹性滞后和弹性后效。

1. 弹性元件的线性度

线性度是指作用在弹性元件上的物理量与其变形量之间的关系是否符合线性关系的特性。图 6-15 表示了弹性元件线性度的几种不同情况。

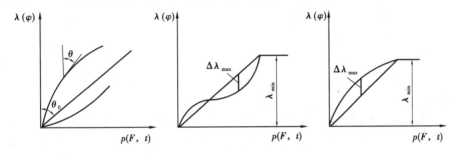

**图 6-15　弹性元件的线性度**

2. 弹性元件的灵敏度

灵敏度 $S$ 是指弹性变形元件的增量与作用在弹性元件上载荷的增量的比值,用特性曲线表示如图 6-16 所示。

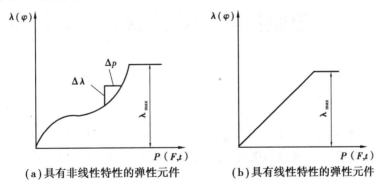

（a）具有非线性特性的弹性元件　　　（b）具有线性特性的弹性元件

**图 6-16　弹性元件的灵敏度与刚度**

弹性元件的灵敏度实际上是指单位载荷引起的变形量。在测量微小量时,我们希望灵敏度高;但在测量较大量时,灵敏度高会引起系统的不稳定。

### 3. 弹性元件的刚度

刚度是指作用在弹性元件上载荷的增量和弹性变形元件的增量的比值,在变形量趋于零时的极限。刚度的特性曲线与灵敏度相同,它表示单位变形所需要的载荷。在测量较大量时,要求刚度也要大一些。

### 4. 弹性滞后

弹性滞后是弹性元件在弹性区内加载卸载时,由于应变落后于应力,使加载线与卸载线不重合的现象。它是由于材料变形时,内部分子运动消耗能量造成的。它使仪表产生来回误差,其特性曲线表示为图 6-17。

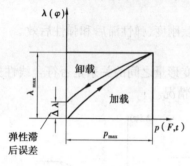

图 6-17  弹性滞后

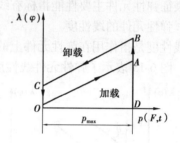

图 6-18  弹性后效

### 5. 弹性后效

弹性后效指的是材料在弹性范围内受某一不变载荷作用,其弹性变形随时间缓缓增长的现象。它是由于材料变形时分子运动需要一定时间而造成的。弹性后效在高速测量仪表上产生较大动态误差,其特性曲线表示为图 6-18。

弹性滞后和弹性后效对仪表均是有害的,应尽量减小。

## 任务2  电阻应变片式传感器的综合应用

### 【任务分析】

本任务是熟悉电阻应变片式传感器的基本组成结构、工作原理,了解电阻应变片式传感器的常用测量电路及其特点和选用方法,学会电阻应变片式传感器的综合应用。

### 【知识准备】

通过前面的学习,我们知道传感器除敏感元件和传感元件外,必须有合适的测量电路,才能完成对被测量的转换。电阻应变片式传感器最常用的测量转换电路是桥式电路。

## 一、认识电桥

如图 6-19 所示，桥式电路简称电桥，由 4 个阻抗元件连接而成，构成一个四边形。四边形的一条对角线为电源输入，另一条对角线为电路输出。4 个阻抗元件称为桥臂。根据输入电源和桥臂元件的不同，可分为直流电桥和交流电桥。输入电源为直流，桥臂元件是纯电阻的称为直流电桥；输入电源为交流，桥臂元件是电容或电感的则称为交流电桥。

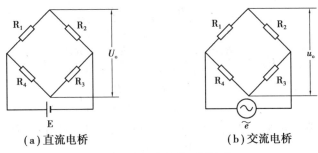

（a）直流电桥　　　　　　　　（b）交流电桥

图 6-19　电阻应变片测量电桥

## 二、应变片接入方式

在实际应用中，电阻应变片的接入方式通常有 3 种：单臂、双臂（半桥）和全桥，如图 6-20 所示。

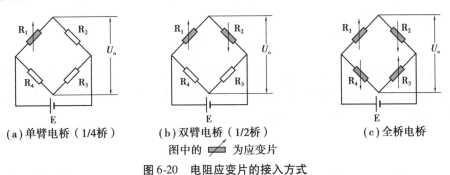

（a）单臂电桥（1/4桥）　　（b）双臂电桥（1/2桥）　　（c）全桥电桥

图中的 ▭ 为应变片

图 6-20　电阻应变片的接入方式

单臂电桥就是在桥路中只使用一个电阻应变片，另外 3 个电阻都是固定电阻，如图 6-21（a）所示。

双臂电桥又称半桥，是指在桥路中成对使用规格参数都相同的应变片，相对贴在敏感元件的对应位置，如图 6-21（b）所示，桥路的另外两个电阻为固定电阻。

全桥是指桥路中 4 个电阻都是规格参数相同的应变片，相对贴在敏感元件的对应位置，如图 6-21（c）、（d）所示。

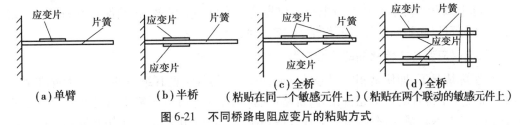

（a）单臂　　　　（b）半桥　　　　（c）全桥　　　　　　（d）全桥

（粘贴在同一个敏感元件上）（粘贴在两个联动的敏感元件上）

图 6-21　不同桥路电阻应变片的粘贴方式

### 三、3 种桥路的性能比较

以单臂桥路为例,分析桥路输入输出的关系。如图 6-20(a),$R_1$ 是应变片,其余桥臂 $R_2$、$R_3$、$R_4$ 是固定电阻。E 为电源,应变片的变化 $\Delta R_1$ 为电路的输入,$U_o$ 为电路的输出。当应变片不受力时,$\Delta R_1 = 0$,电路输出 $U_o = 0$。

分析电路可知:

$$U_o = \frac{R_1}{R_1 + R_2}E - \frac{R_4}{R_4 + R_3}E$$

$$U_o = \frac{(R_1 R_4 + R_1 R_3) - (R_1 R_4 + R_2 R_4)}{(R_1 + R_2)(R_4 + R_3)}E$$

$$U_o = \frac{R_1 R_3 - R_2 R_4}{(R_1 + R_2)(R_4 + R_3)}E$$

要使 $U_o = 0$,必须满足 $R_1 R_3 - R_2 R_4 = 0$。由此可以得到电桥平衡的条件是:

$$R_1 R_3 - R_2 R_4 = 0$$

即

$$R_1 R_3 = R_2 R_4$$

观察 4 个桥臂在电路中的关系,可以看出 $R_1$、$R_3$ 和 $R_2$、$R_4$ 分别是桥路的对边,因此可以说电桥平衡的条件是桥路对边电阻值的乘积相等。

在设计电路时,通常使 4 个桥臂的初始值相等,即 $R_1 = R_2 = R_3 = R_4$,当应变片受力阻值变化 $\Delta R_1$ 时,电路输出为

$$U_o \approx \frac{E}{4} \times \frac{\Delta R_1}{R_1}$$

分析双臂半桥电路:当应变片受力时,桥臂 $R_1$ 的阻值变化 $\Delta R_1$,桥臂 $R_2$ 的阻值变化 $\Delta R_2$,根据应变片参数要求和粘贴方式可以知道,$\Delta R_1$ 和 $\Delta R_2$ 的变化大小相同,方向相反,也就是说,$\Delta R_1 = -\Delta R_2$,此时电路输出为

$$U_o \approx \frac{E}{2} \times \frac{\Delta R_1}{R_1}$$

分析全桥电路:当应变片受力时,桥臂 $R_1$ 的阻值变化 $\Delta R_1$,桥臂 $R_2$ 的阻值变化 $\Delta R_2$,桥臂 $R_3$ 的阻值变化 $\Delta R_3$,桥臂 $R_4$ 的阻值变化 $\Delta R_4$,且 $\Delta R_1 = -\Delta R_2 = \Delta R_3 = -\Delta R_4$,此时电路输出为

$$U_o \approx E \times \frac{\Delta R_1}{R_1}$$

由此可见,全桥电路的输出是双臂半桥电路输出的 2 倍,是单臂电桥输出的 4 倍。根据灵敏度的定义可知,其灵敏度得到提高。

实际上双臂半桥电路和全桥电路不仅提高了测量的灵敏度,在确保参数和性能一致的情况下还可以起到温度补偿的作用,并能消除非线性误差。

### 四、电阻应变片式传感器的实际电路

在实际情况下,即使是相同型号的电阻应变片,其阻值也有细小的差别,因此在测量前,电桥的 4 个桥臂电阻不完全相等,桥路可能不平衡(即有电压输出),这必然会造成测量误差。针对这种情况,在电阻应变片式传感器的实际应用中,总是采用在原基本电路之

上加调零电路,如图 6-22 所示,以尽量减小测量误差。

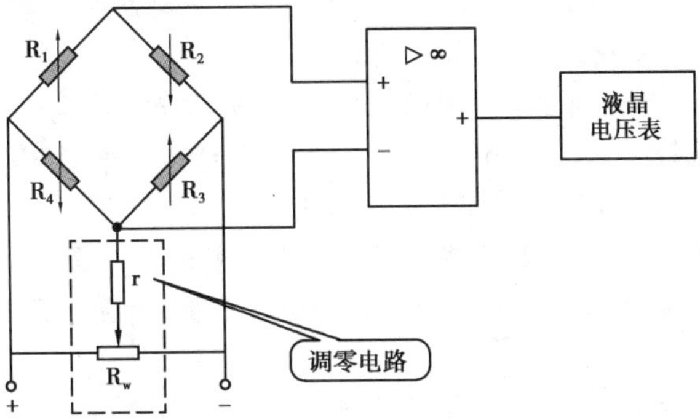

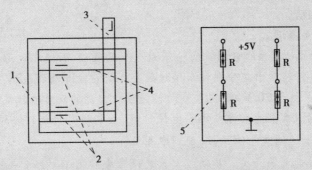

图 6-22 带调零电路的全桥电路

## 【任务实施】

### 一、认识电阻应变片式传感器

电阻应变片式传感器结构如图 6-23 所示,其主要组成部分是上、下两个悬臂梁,4 个粘贴在梁根部的电阻应变片,可组成半桥和全桥电路,最大测量范围为 ±2 mm。

图 6-23 电阻应变片式传感器的结构

1—外壳;2—电阻应变片;3—测杆;4—等截面悬臂梁;5—面板接线图

### 二、实验器材的检测

检查实验所需器材,步骤如下:

(1)观察电阻应变片式传感器:观察传感器中悬臂梁是否保持平整,悬臂梁根部的电阻应变片是否有翘起,有无断线情况。在确保外观完好的情况下,用数字万用表 200 Ω 挡测每个应变片的电阻值,每个应变片阻值应约为 120 Ω。

(2)调零电桥:翻转调零电桥电路板,仔细检查元器件有无开路或脱焊的现象,轻轻旋转调零电位器的旋钮,看有无卡涩的感觉。

(3)检查差动放大器板:仔细查看电路板上集成电路是否牢固地插入集成块座,翻转调零电桥电路板,仔细检查元器件有无开路或脱焊的现象,轻轻旋转增益(放大器倍数)电位器和调零电位器的旋钮,看有无卡涩的感觉。

(4)检查直流稳压电源(+5 V,±15 V):用数字万用表的20 V挡分别检测直流稳压电源的+5 V、+15 V和-15 V输出是否正确。

(5)检查数字电压表头:把数字电压表头下的船形开关置于20 V挡位,将试验箱自带的+5 V或+15 V直流电源接入数字电压表头,看显示是否正确,有无跳动现象。

(6)检查位移台架:检查外观是否完好,配套的零件是否齐全。

(7)检查螺旋测微器:检查螺旋测微器刻度是否清晰,轻轻旋转动尺,看是否旋转灵活,调整动尺和定尺位置,看零点是否准确。

### 三、用电阻应变片式传感器测位移

首先,固定好位移台架,将电阻应变片式传感器置于位移台架上。调节测微器,使其指示15 mm左右。将测微器装入位移台架上部的开口处,旋转测微器测杆,使其与电阻应变片式传感器的测杆适度旋紧(注意在此过程中尽量保持电阻应变片式传感器内的两悬梁处于水平状态),调节两个滚花螺母,使电阻应变片式传感器上的两悬梁处于水平状态,拧紧两滚花螺母,使其正好固定在开口处上下两侧,然后开始实验。

#### 1.差动放大器调零

(1)如图6-24,用导线分别将实验箱面板上的±15 V稳压电源和地端接到差动放大器上,再将其输出端分别对应接到数字表头的输入端和地端,数字表头的电压量程转换开关置于20 V挡,用导线短接差动放大器的正负输入端。

(2)将差动放大器上的增益调整电位器$R_{P1}$旋钮逆时针旋到终端(最大)位置,将差动放大器上的调零电位器$R_{P2}$旋到中间位置。

(3)按键接通电源开关。旋动放大器的调零电位器$R_{P2}$使数字表指示接近零,然后换到2 V量程,微调调零电位器$R_{P2}$使数字表指示为零。此后,调零电位器$R_{P2}$不再调节。

#### 2.半桥实验

(1)按图6-24将悬臂梁上两个受力方向相反的应变片(在传感器面板同侧)和固定电阻$R_1$和$R_2$接入电桥,组成半桥。

(2)调节电桥(电阻测量转换)电路板上的平衡(调零)电位器$R_P$,使数字表头指示接近零,然后旋动螺旋测微器使表头指示为零,此时测微器的读数视为系统零位。旋转螺旋测微器0.2 mm,调整差动放大器上的增益调整电位器$R_{P1}$,使数字电压表头读数为0.2~0.4 V。

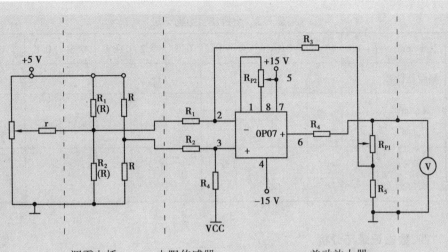

图6-24 电阻式传感器实验电路

(3)继续旋转测微器4次,每次0.2 mm,共0.8 mm,将位移量 $x$ 和对应的输出电压值 $U_o$ 记入表6-1中。反方向旋转螺旋测微器5次,每次0.2 mm,共1 mm,将输出电压值 $U_o$ 记入表6-1中,直至系统零位,此时数字电压表头读数应为0。继续反向旋转螺旋测微器5次,每次0.2 mm,共1 mm,将位移量 $x$ 和对应的输出电压值 $U_o$ 也记入表6-1中。

表6-1 半桥实验数据记录

| $x$/mm | −1.0 | −0.8 | −0.6 | −0.4 | −0.2 | 0.0 | 0.2 | 0.4 | 0.6 | 0.8 | 1.0 |
|---|---|---|---|---|---|---|---|---|---|---|---|
| 测微器读数 | | | | | | | | | | | |
| $U_o$/mv（正行程） | | | | | | 0 | | | | | |
| $U_o$/mv（反行程） | | | | | | 0 | | | | | |

**3. 全桥实验**

(1)按图6-24将4个应变片接入电桥中,组成全桥。注意应变片位置不能接错,邻桥臂的应变片电阻受力方向必须相反。

(2)重复半桥实验步骤(3),将测得的值记入表6-2中。注意此时不要调整差动放大器上的增益调整电位器 $R_{P1}$。

表6-2　全桥实验数据记录

| x/mm | -1.0 | -0.8 | -0.6 | -0.4 | -0.2 | 0.0 | 0.2 | 0.4 | 0.6 | 0.8 | 1.0 |
|---|---|---|---|---|---|---|---|---|---|---|---|
| 测微器读数 | | | | | | | | | | | |
| $U_o$/mv（正行程） | | | | | | 0 | | | | | |
| $U_o$/mv（反行程） | | | | | | 0 | | | | | |

## 四、数据记录与分析

（1）根据表6-1和表6-2中的实验数据，在同一坐标系中画出输入/输出特性曲线 $U_o=f(x)$，计算灵敏度和非线性误差，并且比较全桥和半桥电路的灵敏度等特性。

（2）传感器的输入电压能否从+5 V提高到+10 V？输入电压的大小取决于什么？

（3）分析电桥测量电阻式传感器特性时存在非线性误差的原因。

（4）观察正、反行程的测量结果，解释输入/输出曲线不重合的原因。

## 想一想

1.本项目是介绍力的测量，但本任务中的实验却是位移的测量，这二者有没有联系？怎样联系？

2.能不能将本任务中的电阻应变片式传感器改造成测力的传感器？如果能，怎样改造？

3.如果连接全桥时应变片的方向接反会是什么结果？为什么？

4.传感器在实际应用中与我们所做的实验有什么不同？它是怎样实现测量的？

## 【任务评价】

| 评价内容 | 分　值 | 得　分 |
|---|---|---|
| 比较电阻应变片测量桥路的性能特点 | 20分 | |
| 正确安装和使用实验器材、仪表及工具 | 20分 | |
| 正确按步骤进行实验(检测、标定、测量) | 40分 | |
| 数据记录与分析 | 20分 | |
| 总　　分 | | |
| 评　　价 | | |

## 【知识拓展】

### 电阻应变片的粘贴技术

应变片在使用时通常是用黏合剂粘贴在弹性体上的,粘贴技术对传感器的检测质量起着重要的作用。

应变片的黏合剂必须适合应变片基底材料和被测材料,另外还要根据应变片的工作条件、工作温度、湿度、有无腐蚀、加温加压固化的可能性、粘贴时间长短等因素来进行选择。常用的黏合剂有硝化纤维素黏合剂、酚醛树脂胶、环氧树脂胶、502胶水等。

应变片在粘贴时,必须遵循正确的粘贴工艺,保证粘贴质量,这些都与最终的测量精度有关。应变片的粘贴步骤如下:

(1)应变片的检查与选择。首先应对采用的应变片进行外观检查,观察应变片的敏感栅是否整齐、均匀,是否有锈斑以及断路、短路或折弯等现象。其次要对应变片的阻值进行测量,确定是否是正确阻值的应变片。

(2)试件的表面处理。为了获得良好的粘合强度,必须对试件表面进行处理,清除试件表面的杂质、油污及疏松层等。一般的处理方法是采用砂纸打磨,较好的处理方法是采用无油喷砂法,这样不仅能得到比抛光更大的表面积,而且可以获得质量均匀的效果。为了表面的清洁,可用化学清洗剂如四氯化碳、甲苯等进行反复清洗,也可采用超声波清洗。为了避免氧化,应变片的粘贴应尽快进行。如果不立刻贴片,可涂上一层凡士林暂作保护层。

(3)底层处理。为了保证应变片能牢固粘贴在试件上,并具有足够的绝缘电阻,改善胶接性能,可在粘贴位置涂上一层底胶。

(4)贴片。将应变片底面用清洁剂清洗干净,然后在试件表面和应变片底面各涂上一层薄而均匀的黏合剂,待稍干后,将应变片对准划线位置迅速贴上,然后盖一层玻璃纸,用手指或胶辊加压,挤出气泡及多余的胶水,保证胶层尽可能薄而均匀。

(5)固化。黏合剂的固化是否完全,直接影响到胶的物理机械性能。关键是要掌握好温度、时间和循环周期。无论是自然干燥,还是加热固化,都要严格按照工艺规范进行。为了防止强度降低、绝缘破坏以及电化腐蚀,在固化后的应变片上应涂上防潮保护层,防潮层一般可采用稀释的黏合剂。

(6)粘贴质量检查。首先从外观上检查粘贴位置是否正确,黏合层是否有气泡、漏粘、破损等,然后测量应变片敏感栅是否有断路或短路现象以及测量敏感栅的绝缘电阻。

(7)引线焊接与组桥连线。检查合格后即可焊接引出导线,引线应适当加以固定。应变片之间通过粗细合适的漆包线连接组成桥路,连接长度应尽量一致,且不宜过长。

# 任务3　压阻式传感器的综合应用

## 【任务分析】

本任务是掌握压阻式传感器测压力的工作原理,了解压阻式传感器的基本组成结构和应用,学会用压阻式传感器测压力。

## 【知识准备】

压阻式传感器是利用单晶硅材料的压阻效应和集成电路技术制成的传感器。单晶硅材料在受到力的作用后,电阻率发生变化,通过测量电路就可得到正比于力变化的电信号输出。

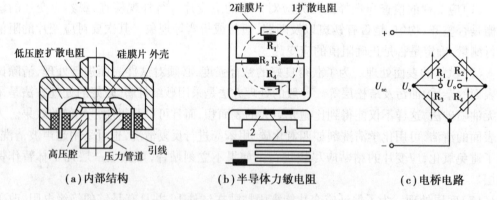

图 6-25　压阻式传感器

这种传感器采用集成工艺将电阻条集成在单晶硅膜片上,制成硅压阻芯片。硅膜片一般设计成周边固支的圆形,在圆形硅膜片(N 型)定域扩散 4 条 P 杂质电阻条,并接成全桥,其中两条位于压应力区,另两条处于拉应力区,相对于膜片中心对称。芯片的周边固定封装于外壳之内,只引出电极引线,如图 6-25(b)(c)所示。

压阻式传感器又称为固态压力传感器,它不同于粘贴式应变计需通过弹性敏感元件间接感受外力,而是直接通过硅膜片感受被测压力。在使用时硅膜片的一面是与被测压力连通的高压腔,另一面是与大气连通的低压腔,如图6-25(a)所示。

压阻式传感器能用于测量压力、拉力、压力差和可以转变为力的变化的其他物理量,如液位、加速度、重量、应变、流量、真空度等。

压阻式传感器产品如图6-26所示。

图6-26 压阻式传感器

## 【任务实施】

### 一、用压阻式传感器测压力

1. 安装压力传感器

固定好位移台架,将压力传感器放在台架的圆孔中。

2. 管路连接

根据图6-27连接管路。

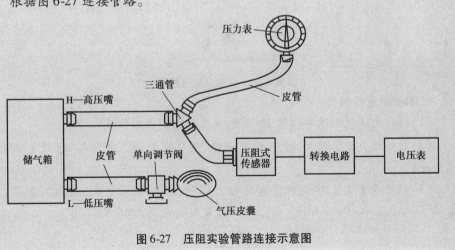

图6-27 压阻实验管路连接示意图

### 3.接线

按图 6-28 接线,将压力传感器上的防空插插入转换电路板上,输出端 OUT 连接到实验台(箱面板)电压表 IN,电压量程切换开关拨到量程 20 V 挡。压阻实验接线图如图 6-29 所示。

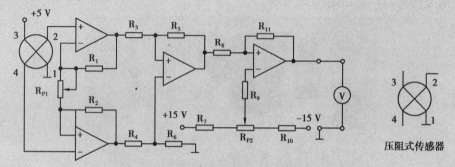

图 6-28 压阻实验电路图

图 6-29 压阻实验接线图

### 4.零点和量程调整

(1)将放大倍数调节电位器 $R_{P1}$ 旋到满度的 1/3 左右位置。

(2)打开橡皮囊上的单向阀,接通电源,调节零点调节电位器 $R_P$ 使电压表头显示为零。

(3)拧紧橡皮囊上单向调节阀的锁紧螺钉,轻按加压皮囊,注意不要用力过大,使压力表显示 100 mmHg[①] 读,调节 $R_{P1}$ 使输出电压为 10 V。

---

① 1 mmHg = 133.322Pa。

（4）重复步骤2和步骤3,使得压力为0时输出电压为0 V,压力为100 mmHg时输出电压为10 V。

5.压力测量

打开单向阀,开始加压,每上升10 mmHg记录一次电压,并记入表6-3中。

## 二、数据记录与分析

表6-3　压力测量实验数据记录

| P/mmHg | 0 | 10 | 20 | 30 | 40 | 50 | 60 | 70 | 80 | 90 | 100 |
|---|---|---|---|---|---|---|---|---|---|---|---|
| $U_o$/V | | | | | | | | | | | |

（1）根据表6-3所测实验数据,画出压阻式传感器的压力特性曲线,并计算本系统的灵敏度和非线误差。

（2）从测量结果观察、比较、解释压阻式传感器灵敏度。

（3）如果电压表读数为8.35 V,试问此时储压箱内的压力是多大? 为什么?

### 想一想

压阻式传感器是否可以做真空度以及负压测量? 如果测量真空度,需要对本实验装置进行怎样的改进?

## 【任务评价】

| 评价内容 | 分　值 | 得　分 |
|---|---|---|
| 认识压阻式传感器测量压力的原理 | 20分 | |
| 正确安装和使用实验器材、仪表及工具 | 20分 | |
| 按正确步骤完成实验<br>（检测、标定、测量） | 40分 | |
| 数据记录与分析 | 20分 | |
| 总　分 | | |
| 评　价 | | |

## 【知识拓展】

### 压阻式传感器的发展和应用

压阻式传感器以易于实现集成化、微型化、灵敏度高等特点，一直受到世界各国科学家的重视。

#### 一、发展状况

1954 年 C. S. 史密斯详细研究了硅的压阻效应，从此开始用硅制造压力传感器。

早期的硅压力传感器是半导体应变计式的。后来在 N 型硅片上定域扩散 P 型杂质形成电阻条，并接成电桥，制成芯片。此芯片仍需粘贴在弹性元件上才能感应压力的变化。采用这种芯片作为敏感元件的传感器称为扩散型压力传感器。这两种传感器都是采用粘片结构，因而存在滞后、蠕变大、固有频率低、不适于动态测量，以及难于小型化和集成化、精度不高等缺点。

20 世纪 70 年代以来制成了周边固定支撑的电阻和硅膜片的一体化硅杯式扩散型压力传感器，它不仅克服了粘片结构的固有缺陷，而且能将电阻条、补偿电路和信号调整电路集成在一块硅片上，甚至将微型处理器与传感器集成在一起，制成智能传感器（见单片微型计算机）。

这种新型传感器的优点是：

（1）频率响应高（例如有的产品固有频率达 1.5 MHz 以上），适于动态测量；

（2）体积小（有的产品外径只有 0.25 mm），适于微型化；

（3）精度高，可达 0.1% ~ 0.01%；

（4）灵敏高，比金属应变计高出很多倍，有些应用场合可不加放大器；

（5）无活动部件，可靠性高，能工作于振动、冲击、腐蚀、强干扰等恶劣环境。

其缺点是：温度影响较大（有时需进行温度补偿）、工艺较复杂和造价高等。

#### 二、压阻式传感器的应用

压阻式传感器广泛应用于航天、航空、航海、石油化工、动力机械、生物医学工程、气象、地质等各个领域。

在航天和航空工业中，压力是一个关键参数，对静态压力、动态压力、局部压力和整个压力场的测量都要求很高的精度。压阻式传感器是用于这方面的较理想的传感器。例如，测量直升飞机机翼的气流压力分布和测试发动机进气口的动态畸变、叶栅的脉动压力等。在飞机喷气发动机中心压力的测量中，要使用专门设计的硅压力传感器，其工作温度达 500 ℃ 以上。在波音客机的大气数据测量系统中采用了精度高达 0.05% 的配套硅压力传感器。在尺寸缩小的风洞模型试验中，压阻式传感器能密集安装在风洞进口处和发动机进气管道模型中。单个传感器直径仅 2.36 mm，固有频率高达 300 kHz，非线性和滞后均为全量程的 ±0.22%。

在生物医学方面，压阻式传感器也是理想的检测工具。已制成扩散硅膜只有 10 μm厚，外径仅 0.5 mm 的注射针型压阻式压力传感器和能测量心血管、颅内、尿道、子宫和眼球内压力的传感器。图6-30是针型压阻式血压传感器的结构图。图6-31是压阻式脉搏传感器的结构图。

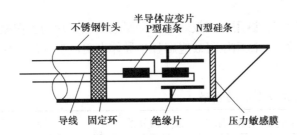

**图6-30 针型压阻式血压传感器**

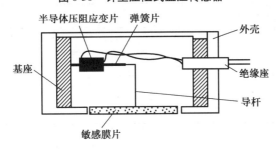

**图6-31 压阻式脉搏传感器**

压阻式传感器还有效地应用于爆炸压力和冲击波的测量、真空测量、监测和控制汽车发动机的性能,以及诸如测量枪炮膛内压力等兵器方面。

此外,在油井压力测量、随钻测向和测位地下密封电缆故障点的检测以及流量和液位测量等方面都广泛采用压阻式传感器。

随着微电子技术和计算机的进一步发展,压阻式传感器的应用还将迅速发展。

## 【练一练】

### 一、填空题

1.电阻应变式传感器是由_____、_____和_____等部分组成。

2.电阻应变片是电阻应变式传感器的核心部分,它是将被测件上的_____转换成_____的传感元件。根据材料不同可分为_____电阻应变片和_____电阻应变片两种。

3.金属应变片的工作原理主要是_____,而半导体应变片的工作原理主要是_____。

4.电阻应变片由_____、_____、覆盖层和_____等部分组成。

5.在实际应用中,电阻应变片的接入方式有3种,分别是_____、双臂(半桥)和_____。

6.在电阻应变式传感器的实际应用中,总是采用在原基本电路之上加_____电路,以尽量减小测量误差。

7.压阻式传感器又称为_____传感器,它不同于粘贴式应变计需通过弹性敏感元件间接感受外力,而是直接通过_____感受被测压力。

二、简答题

1. 什么是应变效应?试用应变效应解释金属电阻应变片的工作原理。

2. 什么是压阻效应?试用压阻效应解释半导体电阻应变片的工作原理。

三、填表题

仔细阅读教材,完成下面的表格。

| | 按材料分类 | 工作原理 | 按结构分类 | 特　点 |
|---|---|---|---|---|
| 电阻应变片 | 金属电阻应变片 | | | |
| | | | | |
| | | | | |
| | 半导体电阻应变片 | | | |
| | | | | |
| | | | | |

# 项目7 位移的检测

无论是科学研究还是生产实践中，需要进行位移测量的场合非常多。在不同的场合、不同的应用领域，如测量范围、测量精度、动态响应等，对位移测量传感器的要求差异也很大。因此，位移测量传感器的种类也相当多，并且各自的特性也不相同。

位移传感器是用来测量位移、距离、位置、尺寸、角度、角位移等几何学量的一种传感器。

本项目主要是学习电位器式位移传感器、感应同步器位移传感器、光栅位移传感器的位移测量原理及使用方法，同时认识常用位移测量元件，学会常用位移测量元件的安装及接线。

## 【知识目标】

● 认识电位器式位移传感器；

● 认识感应同步器位移传感器；

● 认识光栅位移传感器。

## 【能力目标】

● 会用电位器式位移传感器测量位移；

● 学会感应同步器位移传感器的安装及调试；

● 学会光栅位移传感器的安装及调试。

# 任务1　电位器式传感器测位移

## 【任务分析】

本任务是了解电位器式传感器的特点,理解电位器式传感器测位移的原理,掌握电位器式传感器的检测和应用。

## 【知识准备】

电位器式传感器是一种常用的传感器,它可以把线位移或角位移转化成一定函数关系的电阻或电压输出。由于它结构简单、尺寸小、重量轻、价格便宜、精度高、性能稳定、输出信号大、受环境影响小,且可实现线性的或任意函数的变换,因而在位移检测与自动控制中有着广泛的用途。

电位器式传感器的实物如图7-1所示。

(a)直线位移传感器　　　　　　　　(b)角位移传感器

图7-1　电位器式传感器实物图

电位器式传感器的结构由电阻体和电刷(也称可动触点)两部分组成。

电位器式传感器作为变阻器使用时,其阻值为 $R_x = \dfrac{R}{L}x$,如图7-2(a)所示;作为分压器使用,其输出电压为 $U_0 = \dfrac{U_i}{l}x$,如图7-2(b)所示。

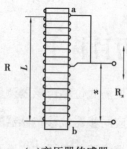　　　　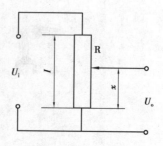

(a)变压器传感器　　　　　　　　(b)分压器传感器

图7-2　电位器式传感器原理图

电位器式传感器中最常用的是线绕电位器式传感器,它是由绕于骨架上的电阻丝线圈和沿电位器移动的滑臂以及其上的电刷组成。作为传感元件的线绕电位器有直线式、螺旋式或二者结合的。根据需要可制成线性的和非线性的。同别的电阻体材料的传感器相比,线绕电位器式传感器的优缺点如下:

优点:线性精度高且稳定;电阻体总阻值精度高且稳定;温度系数小,耐温变好;相对而言能支持较大功率等。

缺点:分辨力受限或较低;耐磨损性能较差,寿命相对较低;如果是国内合金线做电阻体的话,使用速度不宜超过 50 r/min,或电刷在电阻体上相对运动不宜超过 1 000 匝/min;高频特性较差等。

# 【任务实施】

## 一、电位器式直线位移传感器的检测

准备一支电位器式直线位移传感器,量程为 0 ~ 350 mm,用万用表测量其电阻值。分别记录在不同位置下的电阻值,填入下表中。

| 位置/mm | 0 | 50 | 100 | 150 | 200 | 250 | 300 | 350 |
|---------|---|----|-----|-----|-----|-----|-----|-----|
| 电阻/Ω |   |    |     |     |     |     |     |     |

## 二、电位器式位移传感器的应用

电位器式位移传感器常用于测量几毫米到几十米的位移和几度到 360° 的角度。推杆式位移传感器如图 7-3 所示,可测量 5 ~ 200 mm 的位移,可在温度为 ±50 ℃,相对湿度为 98%($t = 20$ ℃),频率在 300 Hz 以内及加速度为 300 m/s² 的振动条件下工作,精度为 2%,电位器的总电阻为 1 500 Ω。

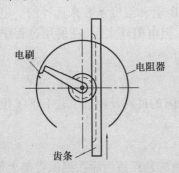
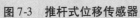

图 7-3 推杆式位移传感器　　图 7-4 摩托车汽油油位传感器

在摩托车的油量检测中,经常采用的就是电位器式位移传感器,通过测量油箱内油面的高度来测量油箱内剩余油量。如图 7-4 所示为摩托车汽油油位传感器,它通过随液位升降的浮球经过曲杆带动电刷位移,将液位变成电阻变化。

**想一想**

线绕电位器式传感器的优缺点是什么？

## 【任务评价】

| 评价内容 | 分 值 | 得 分 |
|---|---|---|
| 正确选择万用表挡位 | 20 分 | |
| 正确检测传感器 | 30 分 | |
| 万用表的正确读数 | 20 分 | |
| 准确测量传感器阻值 | 30 分 | |
| 总　　分 | | |
| 评　　价 | | |

## 【知识拓展】

### 工业中常用的电位器传感器

**一、线绕电位器式传感器**

线绕电位器的电阻体由电阻丝缠绕在绝缘物上构成,电阻丝的种类很多,电阻丝的材料是根据电位器的结构、容纳电阻丝的空间、电阻值和温度系数来选择的。电阻丝越细,在给定空间内越能获得较大的电阻值和分辨率,但电阻丝太细,在使用过程中容易断开,影响传感器的寿命。图 7-5 所示为线绕电位器。

**二、非线绕电位器式传感器**

为了克服线绕电位器存在的缺点,人们在电阻的材料及制造工艺上下了很多工夫,发展了各种非线绕电位器。

1. 合成膜电位器

合成膜电位器的电阻体是用具有某一电阻值的悬浮液喷涂在绝缘骨架上形成的电阻膜,这种电位器的优点是:分辨率较高,阻值范围很宽（100 Ω ~ 4.7 MΩ）,耐磨性较好,工艺简单,成本低,输入/输出信号的线性度较好等;其主要缺点是:接触电阻大,功率不够大,容易吸潮,噪声较大等。图 7-6 是常见的合成膜电位器。

2. 金属膜电位器

金属膜电位器由合金、金属或金属氧化物等材料通过真空溅射或电镀的方法,沉积在瓷基体上形成一层薄膜而制成的。

图7-5　线绕电位器　　　　　　　　　　　　　图7-6　合成膜电位器

金属膜电位器具有无限的分辨率,接触电阻很小,耐热性好,它的满负荷温度可达70 ℃。与线绕电位器相比,它的分布电容和分布电感很小,所以特别适合在高频条件下使用。它的噪声信号仅高于线绕电位器。金属膜电位器的缺点是耐磨性较差,阻值范围窄,一般为 10 ~ 100 kΩ,由于这些缺点限制了它的使用。图 7-7 是常见的金属膜电位器。

3. 导电塑料电位器

导电塑料电位器又称为有机实心电位器,这种电位器的电阻体是由塑料粉及导电材料的粉料经塑压而成。导电塑料电位器的耐磨性好,使用寿命长,允许电刷接触压力很大,因此它在振动、冲击等恶劣的环境下仍能可靠地工作。此外,它的分辨率较高,线性度较好,阻值范围大,能承受较大的功率。导电塑料电位器的缺点是:阻值易受温度和湿度的影响,故精度不易做得很高。图 7-8 是常见的导电塑料电位器。

图 7-7　金属膜电位器　　　　　　　　　图 7-8　导电塑料电位器

4. 导电玻璃釉电位器

导电玻璃釉电位器又称金属陶瓷电位器,它是以合金、金属化合物或难溶化合物等为导电材料,以玻璃釉为黏合剂,经混合烧结在玻璃基体上制成的。导电玻璃釉电位器的耐高温性好,耐磨性好,有较宽的阻值范围,电阻温度系数小且抗湿性强。导电玻璃釉电位器的缺点是:接触电阻变化大,噪声大,不易保证测量的高精度。图 7-9 是常见的导电玻

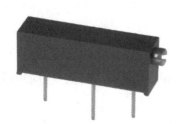

图 7-9　导电玻璃釉电位器

璃釉电位器。

### 三、光电电位器式传感器

光电电位器是一种非接触式电位器,它用光束代替电刷,图7-10(a)是这种电位器的结构图。光电电位器主要是由电阻体、光电导层和导电电极组成。光电电位器的制作过程是先在基体上沉积一层硫化镉或硒化镉的光电导层,然后在光电导层上再沉积一条电阻体和一条导电电极。在电阻体和导电电极之间留有一个窄的间隙。平时无光照时,电阻体和导电电极之间由于光电导层电阻很大而呈现绝缘状态。当光束照射在电阻体和导电电极的间隙上时,由于光电导层被照射部位的电阻很小,使被照射部位和导电电极导通,于是光电电位器的输出端就有电压输出,输出电压的大小与光束位移照射到的位置有关,从而实现了将光束位移转换为电压信号输出。

光电电位器最大的优点是:非接触型,不存在磨损问题,它不会对传感器系统带来任何有害的摩擦力矩,从而提高了传感器的精度、寿命、可靠性及分辨率。光电电位器的缺点是:接触电阻大,线性度差。由于它的输出阻抗较高,需要配接高输入阻抗的放大器。尽管光电电位器有着不少的缺点,但它的优点是其他电位器所无法比拟的,因此在许多重要场合仍得到应用。图7-10(b)是光电电位器的应用。

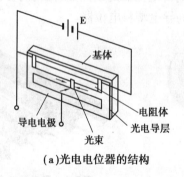

(a)光电电位器的结构

(b)光电电位器的应用

图7-10 光电电位器

# 任务2 感应同步器测位移

## 【任务分析】

本任务是掌握感应同步器的基本原理和结构特点,熟悉感应同步器产品,会感应同步器的安装及调试。

# 【知识准备】

### 一、感应同步器的结构及分类

感应同步器是利用电磁感应原理将线位移和角位移转换成电信号的一种装置。根据用途,可将感应同步器分为直线式和旋转式两种,分别用于测量线位移和角位移。

感应同步器主要由定尺和滑尺组成,如图7-11所示。

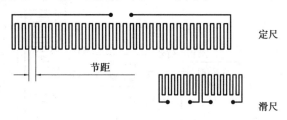

**图7-11 感应同步器的定尺和滑尺**

### 二、感应同步器的测量原理

感应同步器是利用励磁绕组与感应绕组间发生相对位移时,由于电磁耦合的变化,感应绕组中的感应电压随位移的变化而变化,从而进行位移量的检测。

感应同步器滑尺上的绕组是励磁绕组,定尺上的绕组是感应绕组。定尺固定在机床身上,滑尺则安装在机床的移动部件上。通过对感应电压的测量,可以精确地测量出位移量。

感应同步器测量原理如图7-12所示,在励磁绕组上加上一定的交变励磁电压,定尺绕组中就产生相同频率的感应电动势,其幅值大小随滑尺移动呈余弦规律变化。滑尺移动一个节距,感应电动势变化一个周期。

当滑尺相对定尺移动时,滑尺与定尺的相对位置发生变化,改变了通过定尺绕组的磁通,从而改变了定尺绕组中输出的感应电动势 $U_o$,$U_o$ 的变化反映了定、滑尺间的相对位移,实现了位移至电量的变换。

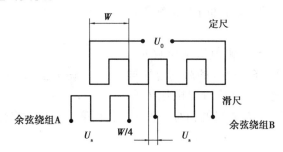

**图7-12 感应同步器测量原理**

### 三、感应同步器的工作方式

感应同步器有两种工作方式:鉴相式和鉴幅式。

鉴相式:通过检测感应电动势的相位测量位移。

鉴幅式:通过检测感应电动势的幅值测量位移。

1. 鉴相式感应同步器

鉴相式感应同步器是通过检测感应电动势的相位测量位移。

如图 7-13 所示,脉冲发生器发出频率一定的脉冲序列,经脉冲相位变换器进行分频,输出参考信号方波和指令信号方波。

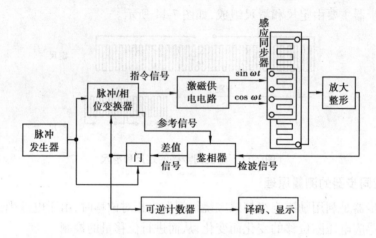

图 7-13　鉴相式测量电路工作原理

指令信号方波使励磁供电线路产生振幅、频率相同而相位差 90° 的正弦信号电压 $U_i \sin \omega t$ 和余弦信号电压 $U_i \cos \omega t$,供给感应同步器滑尺或定尺的 A、B 绕组。

定尺上产生感应电动势 $E$,经放大整形后变为方波,并和参考信号方波送入鉴相器。

鉴相器的输出是感应电动势信号与参考信号的相位差,即相位 $\theta_x$,且反映出它的正负。相位信号和高频脉冲信号一起进入与门电路,当相位信号 $\theta_x$ 存在时,门打开,允许高频时间脉冲信号通过;当相位信号 $\theta_x$ 不存在时,门关闭。

2. 鉴幅式感应同步器

鉴幅式感应同步器是通过检测感应电动势的幅值测量位移,其系统框图如图 7-14 所示。

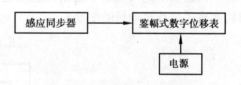

图 7-14　鉴幅式测量系统框图

根据感应电动势 $E$ 的幅值鉴别位移量 $x$ 的大小。滑尺正、余弦绕组通入的激励电压同频、同相,但幅值不同。即合成输出电压 $U$ 的幅值恒定,而相位随磁头与磁尺的相对位置 $x$ 变化而变。读出输出信号的相位,就可确定磁头的位置。

**四、感应同步器测位移的优点**

(1)具有较高的精度与分辨力。感应同步器测量精度首先取决于印制电路绕组的加工精度,温度变化对其测量精度影响不大。感应同步器是由许多节距同时参加工作,多节距的误差平均效应减小了局部误差的影响。

（2）抗干扰能力强。感应同步器在一个节距内是一个绝对测量装置，在任何时间内都可以给出仅与位置相对应的单值电压信号，因而瞬时作用的偶然干扰信号在其消失后不再有影响。平面绕组的阻抗很小，受外界干扰电场的影响很小。

（3）使用寿命长，维护简单。定尺和滑尺，定子和转子互不接触，没有摩擦、磨损，所以使用寿命很长。它不怕油污、灰尘和冲击振动的影响，不需要经常清扫，但需装设防护罩，防止铁屑进入其气隙。

（4）可作长距离位移测量。可以根据测量长度的需要，将若干根定尺拼接。拼接后总长度的精度可保持（或稍低于）单个定尺的精度。目前几米到几十米的大型机床工作台位移的直线测量，大多采用感应同步器来实现。

（5）工艺性好，成本较低，便于复制和成批生产。由于上述优点，长感应同步器被广泛地应用于大位移静态与动态测量中，例如用于三坐标测量机、程控数控机床、高精度重型机床和加工中测量装置等；圆感应同步器则被广泛地用于机床和仪器的转台以及各种回转伺服控制系统中。

## 【任务实施】

### 一、认识感应同步器

使用较多的 GZD/H 系列直线式感应同步器尺是上海博测公司的产品，由定尺和滑尺耦合组成，它是利用电磁感应原理把直线位移量精确地转换成电信号的精密位移检测元件。由于它具有精度高、重复性好、抗干扰性强、耐油、耐污、便于接长、维修简单等一系列特点，在机械加工、测量仪器、闭环数控和

图 7-15　GZD/H 直线式感应同步器

数字显示系统中得到极其广泛的应用。它对于实现测量自动化，减少测量时间，保证加工精度，提高产品质量，减轻劳动强度，提高劳动生产率，具有极大的作用。外形如图 7-15 所示。

### 二、感应同步器的安装

当感应同步器用于检测机床工作台的位移时，由于行程较长，一块感应同步器常常难以满足检测长度的要求，需要将两块或多块感应同步器的定尺拼接起来，即感应同步器接长。

对定尺接长的要求：通过适当调整两块相连定尺间的接缝，使接长后的定尺组件在全行程的累计误差不超过一块定尺的最大零位误差。

带型直线式感应同步器的结构如图 7-16 所示。

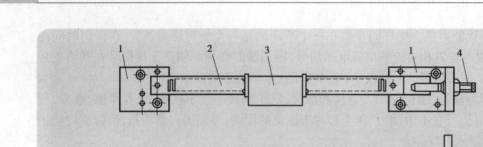

**图7-16　带型直线式感应同步器**
1—安装座;2—定尺;3—滑尺;4—调整螺钉

按照图7-17安装调试感应同步器,依次进行定尺的安装与调试、滑尺的安装与调试。

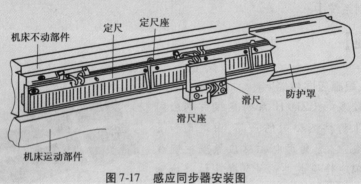

**图7-17　感应同步器安装图**

## 想一想

感应同步器测位移的原理是什么?

## 【任务评价】

| 评价内容 | 分　值 | 得　分 |
|---|---|---|
| 定尺安装位置正确 | 20分 | |
| 定尺安装牢固 | 20分 | |
| 定尺调试准确 | 20分 | |
| 滑尺安装位置正确 | 20分 | |
| 滑尺调试准确 | 20分 | |
| 总　分 | | |
| 评　价 | | |

## 【知识拓展】

### 感应同步器绕组材料介绍

基板的选样依要求不同而异。对于直线感应同步器多选用导磁材料,其热膨胀系数与所安装的主体相同,常采用优质碳素结构钢。由于这种材料导磁系数高,矫顽磁力小,即能增强激磁磁场,又不会有过大的剩余电压。为了保证刚度,一般基板厚度为 10 mm。

定尺与滑尺上的平面绕组用电解铜箔构成导片,要求厚薄均匀、无缺陷,厚度一般在 0.1 mm 以下,容许通过的电流密度为 5 A/mm$^2$。

定尺与滑尺上绕组导片和基板的绝缘膜的厚度一般小于 0.1 mm,绝缘材料一般选用酚醛玻璃环氧丝布和聚乙烯醇缩本丁醛胶或用聚酰胺做固化剂的环氧树脂,这些材料粘着力强、绝缘性好。

滑尺绕组表面上贴一层带绝缘层的铝箔,起静电屏蔽作用,将滑尺用螺钉安装在机械设备上时,铝箔还起着自然接地的作用。它应该足够薄,以免产生较大的涡流。

为防止环境中腐蚀性气体和液体对绕组导片的腐蚀,一般要在导片上涂一层防腐绝缘漆。

# 任务3 光栅位移传感器测位移

## 【任务分析】

本任务是了解光栅位移传感器的工作原理及特点,熟悉光栅位移传感器的外形和结构,会安装、调试光栅位移传感器。

## 【知识准备】

### 一、光栅和莫尔条纹

由大量等宽等间距的平行狭缝组成的光学器件称为光栅,如图 7-18 所示。

光栅位移传感器按照制造方法和光学原理的不同,分为透射光栅和反射光栅。

用玻璃制成的光栅称为透射光栅,它是在透明玻璃上刻出大量等宽等间距的平行刻痕,每条刻痕处是不透光的,而两刻痕之间是透光的。光栅的刻痕密度一般为 10,25,50,100 线/mm。刻痕之间的距离为栅距 W。

如果把两块栅距 W 相等的光栅面平行安装,且让它们的刻痕之间有较小的夹角 θ,这时光栅上会出现若干条明暗相间的条纹,这种条纹称莫尔条纹,如图 7-19 所示。

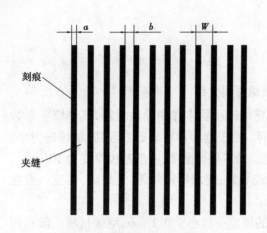

图 7-18　光栅结构放大图　　　　　　　　图 7-19　莫尔条纹

莫尔条纹有两个重要的特性：

（1）当指示光栅不动，主光栅左右平移时，莫尔条纹将沿着指示栅线的方向上下移动。查看莫尔条纹的上下移动方向，即可确定主光栅左右移动方向。

（2）莫尔条纹有位移的放大作用。当主光栅沿刻线垂直方向移动一个栅距 $W$ 时，莫尔条纹移动一个条纹间距 $B$。

当两个等距光栅的栅间夹角 $\theta$ 较小时，主光栅移动一个栅距 $W$，莫尔条纹移动 $KW$ 距离，$K$ 为莫尔条纹的放大系数：$K = \dfrac{B}{W} \approx \dfrac{1}{\theta}$。

条纹间距与栅距的关系为：$B = \dfrac{W}{\theta}$。

当 $\theta$ 角较小时，例如 $\theta = 30'$，则 $K = 115$，表明莫尔条纹的放大倍数相当大。这样，可把肉眼看不见的光栅位移变成为清晰可见的莫尔条纹移动，可以用测量条纹的移动来检测光栅的位移，从而实现高灵敏的位移测量。

**二、光栅位移传感器的结构及工作原理**

**1. 光栅位移传感器的结构**

光栅位移传感器主要由光源、透镜、光栅副（主光栅和指示光栅）和光电接收元件组成，如图 7-20 所示，其中主光栅和被测物体相连，它随着被测物体的直线位移而产生移动。

图 7-21 为不同型号光栅尺的外观。

**2. 光栅位移传感器的工作原理**

光栅位移传感器的工作原理，是由一对光栅副中的主光栅（即标尺光栅）和副光栅（即指示光栅）进行相对位移时，在光的干涉与衍射共同作用下产生黑白相间（或明暗相间）的规则条纹图形，经过光电器件转换使黑白（或明暗）相同的条纹转换成正弦波变化的电信号，再经过放大器放大，整形电路整形后，得到两路相差为 90° 的正弦波或方波，送入光栅数显表计数显示。主光栅移动的距离，也就测得了被测物体的位移量。

用玻璃制成的透射光栅，如图 7-22 所示。红外线光束被光电二极管接收前，先通过

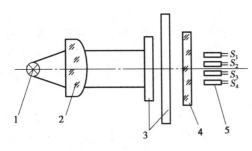

**图7-20 光栅位移传感器的结构原理图**
1—光源；2—透镜；3—光栅副；
4—透镜；5—光电接收元件

**图7-21 各种光栅尺**

有刻线轨迹的板与栅格窗间的相对运动会产生正弦波形式的光波,这种光波经光电二极管接收后,会转换成最初始的电流正弦波信号,这些电信号的周期与栅距是一样的。

用不锈钢制成的光栅称为反射式光栅,如图7-23所示。工作原理是让光以反射方式通过网状栅格。

**图7-22 透射式光栅原理图**

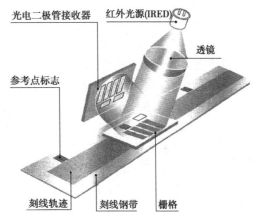

**图7-23 反射式光栅原理图**

## 【任务实施】

### 一、认识光栅尺

光栅数显测量系统是一种能自动检测和自动显示的光机电一体化产品,是改造旧机床,装备新机床以及各种长度计量仪器的重要配套件。由于光栅数显测量系统具有精度高,安装及操作容易,价格低,回收投资快等优点而得到广泛使用。

**图7-24 光栅尺的外形图**

如图7-24所示,BG1系列光栅线位移传感器将光电转换器件和光栅尺(50线/mm)

封装在紧固的铝合金型材里。发光器件采用红外发光二极管,光电转换器件采用光电三极管。在铝合金型材下部有柔性的密封胶条,可以防止铁屑、切屑和冷却剂等污染物进入尺体中。电气连接线经过缓冲电路进入传感头,然后再通过能防止干扰的电缆线送进光栅数显表,显示位移的变化。

BG1 型闭式传感器的传感头分为下滑体和读数头两部分。下滑体上固定有 5 个精确定位的微型滚动轴承沿导轨运动,保证运动中指示光栅与主栅尺之间有准确夹角和正确的间隙。读数头内装有前置放大和整形电路。读数头与下滑体之间采用刚柔结合的连接方式,既保证了很高的可靠性,又有很好的灵活性。读数头带有两个连接孔,主光栅尺体两端带有安装孔,将其分别安装在两个相对运动的两个部件上,实现主光栅尺与指示光栅之间的运动,进行线性测量。

### 二、光栅线位移传感器的安装

#### 1. 安装方式

光栅线位移传感器的安装比较灵活,可安装在机床的不同部位。一般将主尺安装在机床的工作台(滑板)上,随机床走刀而动,读数头固定在床身上,尽可能使读数头安装在主尺的下方。读数头安装方式的选择必须注意切屑、切削液及油液的溅落方向。如果由于安装位置限制必须采用读数头朝上的方式安装时,则必须增加辅助密封装置。另外,一般情况下,读数头应尽量安装在机床上相对静止的部件上,尺身则应安装在相对运动的部件上(如滑板)。

#### 2. 安装步骤

（1）安装基面

用千分表检查机床工作台的主尺安装面与导轨运动方向的平行度,移动工作台,要求达到平行度为 0.1 mm/1 000 mm 以内。如果不能达到这个要求,则需加工一件光栅尺基座。

基座要求做到:

①加一根与光栅尺尺身长度相等的基座(最好基座比光栅尺长 50 mm 左右)。

②该基座通过铣、磨工序加工,保证其平面平行度 0.1 mm/1 000 mm 以内。

另外,还需加工一件与尺身基座等高的读数头基座。读数头基座与尺身基座的总误差不得大于 ±0.2 mm。安装时,调整读数头位置,达到读数头与光栅尺尺身的平行度为 0.1 mm/1 000 mm 左右,读数头与光栅尺尺身之间的间距为 1~1.5 mm。

（2）安装主尺

将光栅主尺用 M4 螺钉拧在机床工作台安装面上,但不要上紧;把千分表固定在床身上,移动工作台(主尺与工作台同时移动),测量主尺平面与机床导轨运动方向的平行度;调整主尺 M4 螺钉位置,使主尺平行度满足 0.1 mm/1 000 mm 以内时,把 M4 螺钉拧紧。

在安装光栅主尺时,应注意如下3点:

①如安装超过1.5 m以上的光栅时,不能像桥梁式传感器只安装两端头,尚需在主尺中间有支撑。

②在有基座情况下安装好后,最好用一个卡子卡住尺身中点(或几点)。

③不能安装卡子时,最好用玻璃胶粘住光栅尺身,使基尺与主尺固定好。

(3)安装读数头

首先应保证读数头的基面达到安装要求,然后再安装读数头,其安装方法与主尺相似。最后调整读数头,使读数头与光栅主尺平行度保证在0.1 mm/1 000 mm之内,读数头与主尺的间隙控制在1~1.5 mm。

(4)安装限位装置

光栅线位移传感器全部安装完后,一定要在机床导轨上安装限位装置,以免机床加工产品移动时读数头冲撞到主尺两端,从而损坏光栅尺。另外,用户在选购光栅线位移传感器时,应尽量选用超出机床加工尺寸100 mm左右的光栅尺,以留有余量。

3.安装检查

光栅线位移传感器安装完毕后,可接通数显表,移动工作台,观察数显表计数是否正常。在机床上选取一个参考位置,来回移动工作点至该选取的位置,数显表读数应相同(或回零)。另外也可使用千分表(或百分表),使千分表与数显表同时调至零(或记忆起始数据),往返多次后回到初始位置,观察数显表与千分表的数据是否一致。通过以上工作,光栅线位移传感器的安装才算是完成了。

一般的机床加工环境,铁屑、切削液及油污较多,光栅传感器应附带加装护罩。护罩的设计是按照光栅传感器的外形放大一定的空间尺寸来确定,采用橡皮密封,使其具备一定的防水防油能力。

### 想一想

光栅位移传感器的工作原理是什么?

## 【任务评价】

| 评价内容 | 分 值 | 得 分 |
|---|---|---|
| 正确安装基面 | 20分 | |
| 正确安装主尺 | 20分 | |
| 正确安装读数头 | 20分 | |
| 正确安装限位装置 | 20分 | |
| 调试良好 | 20分 | |
| 总　分 | | |
| 评　价 | | |

## 【特别提示】

### 光栅传感器使用注意事项

（1）光栅传感器与数显表插头座插拔时应在电源关闭后进行。

（2）尽可能外加保护罩,并及时清理溅落在尺上的切屑和油液,严格防止任何异物进入光栅传感器壳体内部。

（3）定期检查各安装连接螺钉是否松动。

（4）为延长防尘密封条的寿命,可在密封条上均匀涂上一薄层硅油,注意勿溅落在玻璃光栅刻划面上。

（5）为保证光栅传感器使用的可靠性,每隔一段时间用乙醇混合液（各50％）清洗擦拭光栅尺面及指示光栅面,保持玻璃光栅尺面清洁。

（6）严禁剧烈震动及摔打光栅传感器,以免破坏光栅尺,如光栅尺断裂,光栅传感器即失效。

（7）不要自行拆开光栅传感器,更不能任意改动主栅尺与副栅尺的相对间距,否则一方面可能破坏光栅传感器的精度;另一方面可能造成主栅尺与副栅尺的相对摩擦,损坏铬层也就损坏了栅线,从而造成光栅尺报废。

（8）防止油污及水污染光栅尺面,以免破坏光栅尺线条纹分布,引起测量误差。

（9）光栅传感器应尽量避免在有严重腐蚀物的环境中工作,以免腐蚀光栅铬层及光栅尺表面,破坏光栅尺质量。

## 【练一练】

1.电位器式位移传感器是一种把＿＿＿＿＿＿转换为＿＿＿＿＿变化的传感器,从而引起输出＿＿＿＿＿或＿＿＿＿＿的变化。

2.电阻线位移传感器的结构由＿＿＿＿＿＿和＿＿＿＿＿两部分组成。

3. 线绕电位器是最常用的电位器式传感器,它是由绕于骨架上的_____、沿电位器移动的_____以及其上的_____组成。

4. 感应同步器是利用_____原理将线位移和角位移转换成_____信号的一种装置。

5. 根据用途,可将感应同步器分为_____和_____两种,分别用于测量线位移和角位移。

6. 感应同步器滑尺上的绕组是_____,定尺上的绕组是_____。

7. 感应同步器在励磁绕组上加上一定的_____电压,定尺绕组中就产生相同频率的_____,其幅值大小随滑尺移动呈余弦规律变化。

8. 由大量等宽等间距的平行狭缝组成的_____称为光栅。

9. 用玻璃制成的光栅称为_____光栅,用不锈钢制成的光栅称为_____光栅。

10. 把两块栅距 $W$ 相等的光栅面平行安装,且让它们的刻痕之间有较小的夹角 $\theta$ 时,这时光栅上会出现若干条明暗相间的条纹,这种条纹称_____。

11. 光栅数显测量系统是一种能自动_____和自动_____的光机电一体化产品。

12. 光栅线位移传感器的安装比较灵活,一般将主尺安装在机床的_____上,随机床走刀而动,读数头固定在_____上,尽可能使读数头安装在主尺的下方。

# 项目8  位置的检测

位置检测在航空航天技术、机床以及其他工业生产过程中都有广泛的应用。实现位置检测主要是通过各种各样的接近开关。在日常生活中，如宾馆迎宾门、饭店前门、车库的自动门，应用接近开关来实现位置检测。在安全防盗方面，如金库、资料档案馆、博物馆等重地，通常都装有由接近开关组成的防盗装置。在测量技术中，如位置、长度的测量；在控制技术中，如位移、速度、加速度的测量，也都大量使用接近开关。

接近开关又称无触点行程开关。它能在一定的距离(几毫米至几十毫米)内检测有无物体靠近。当物体与其接近到设定距离时，就可以发出"动作"信号。该动作信号是一种开关信号(高电平或低电平)。

接近开关的核心部分是"感辨头"，它对正在接近的物体有很高的感辨能力，是一种非接触测量。

常见的接近开关有：电感式接近开关、霍尔接近开关、电容式接近开关、光电式接近开关、磁性接近开关、其他型式的接近开关。

## 【知识目标】

- 认识电感式接近开关；
- 认识霍尔接近开关；
- 认识电容式接近开关；
- 认识光电式接近开关；
- 认识磁性开关。

## 【能力目标】

- 会运用电感式接近开关测近距离内的物体位置；
- 学会霍尔接近开关测量物体位置；
- 学会电容式接近开关检测物体；
- 学会光电式接近开关检测、识别物体；
- 学会磁性开关在汽缸上的应用。

# 任务 1  电感式接近开关测量物体位置

## 【任务分析】

本任务是了解电感式接近开关的基本工作原理及主要技术参数指标,熟悉电感式接近开关的外部接线,掌握电感式接近开关与PLC的接线及调试。

## 【知识准备】

### 一、电感式接近开关的工作原理

电感式接近开关的外形有多种样式,如图8-1所示。

电感式接近开关属于一种有开关量输出的位置传感器,原理如图8-2所示,它由LC高频振荡器、检波电路、放大电路、整形电路及输出电路组成。振荡器产生一个交变磁场,当金属目标接近这一磁场,并达到感应距

**图8-1  电感式接近开关外形图**

离时,在金属目标内产生涡流,从而导致振荡衰减,以致停振。振荡器振荡及停振的变化被后级放大电路处理并转换成开关信号,触发驱动控制器件,从而达到非接触式检测的目的。一般来说电感式接近开关只能用于检测金属物体。

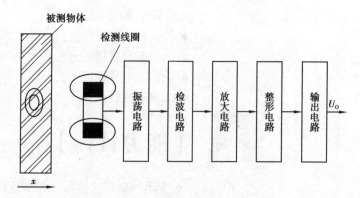

**图8-2  电感式接近开关工作原理图**

电感式接近开关的工作过程:接近开关固定在支架上,当被测物体进入接近开关的额定动作距离范围内,接近开关动作,常开触点闭合,常闭触点断开;当被测物体离开开关的额定动作距离范围,接近开关复位,常开触点断开,常闭触点闭合,如图8-3所示。

接近开关的动作可以触发别的机械动作或程序处理,从而对工件进行统计、加工、分类等。

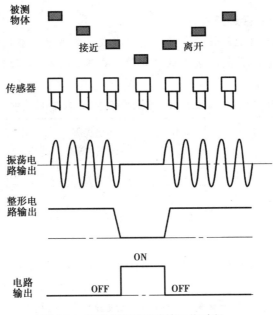

图8-3 电感式接近开关的工作过程

**二、电感式接近开关的技术参数**

1. 额定动作距离

动作距离是指检测体按一定方式移动时,从基准位置(接近开关的感应表面)到开关动作时测得的基准位置到检测面的空间距离。额定动作距离是指接近开关动作距离的标称值。

2. 工作距离

工作距离是指接近开关在实际工作中的整定距离,一般为额定动作距离的0.8倍。被测物与接近开关之间的安装距离一般等于额定动作距离,以保证工作可靠。安装后还需通过调试,然后紧固。

3. 复位距离

这是指接近开关动作后,又再次复位时与被测物的距离,它略大于动作距离。

4. 回差值

这是指动作距离与复位距离之间的绝对值。回差值越大,对外界的干扰以及被测物抖动等的抗干扰能力就越强。

5. 动作频率

这是指在1秒的时间间隔内,接近开关动作循环的最大次数。重复频率大于该值时,接近开关无反应。

# 【任务实施】

## 一、检测电感式接近开关

**1. 查看电感式接近开关的外部接线方式及主要技术参数指标**

不同电感式接近开关的输出端口数量也是不一样的,有两线、三线、四线,甚至五线的。

观察两只直流电感式接近开关,把主要参数记录在下表中。

| 电感式接近开关 | 工作电压 /V | 输出类型 (NPN/PNP) | 状态 (NO/NC) | 输出电流 /mA |
|---|---|---|---|---|
| 电感式接近开关1 | | | | |
| 电感式接近开关2 | | | | |

**2. 万用表检测**

选择一个 NPN、常开型电感式接近开关来检测,检测原理如图 8-4(a)所示,当无检测物体时,对常开型接近开关而言,接近开关内部的输出三极管截止,所接的负载不工作(失电);当检测到物体时,内部的输出级三极管导通,负载通电工作。

用万用表检测时,按图 8-4(b)接线,检测 OUT 和 GND 端的电压值,填入下表中。

| | 无检测物体 | 有检测物体 |
|---|---|---|
| 万用表检测的电压值/V | | |

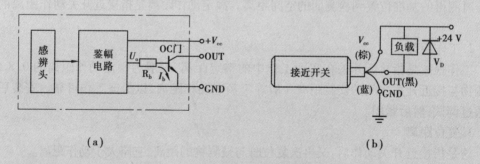

(a)          (b)

图 8-4 电感式接近开关接线原理图

## 二、电感式接近开关在西门子 S7-200PLC 控制系统中的应用

在 S7-200PLC 控制的材料分拣实验装置上,如图 8-5 所示,电感接近开关固定在支架上,工件在传送带上依次自左向右运动,当工件进入接近开关的额定动作距离范围内,接近开关动作,内部晶体管导通,常开触点闭合,常闭触点断开。接近开关的动作可以触发 PLC 进行程序处理,从而对工件进行统计、加工、分类等。

电感式接近开关不与被测物体接触,依靠电磁场变化来检测,大大提高了检测的可靠性,也保证了电感式接近开关的使用寿命。所以,该类型的接近开关在制造工业中,如机床、汽车等行业使用频繁。

图8-5　分拣装置中的接近开关

1.电感式接近开关的接线

把 NPN、常开型电感式接近开关的 $V_{cc}$(棕色线)接到 24 V 电源正极(PLC 的 L+)上,GND 端接到 24 V 电源负极(PLC 的 M)上,OUT 端接到 I0.0 上。

2.通电测试

给系统和 PLC 通上电源,观察 S7-200PLC 的输入指示灯。电感式接近开关感应头前放一个金属件时,输入指示灯应点亮;取开金属件时,输入指示灯应熄灭。

三、检测注意事项

(1)如果被测物体不是金属,则应该减小检测距离。

(2)电感式接近开关最好不要放在有直流磁场的环境中,以免发生误动作。

(3)避免接近开关接近化学溶剂,特别是在强酸、强碱的生产环境中。

(4)注意对检测探头的定期清洁,避免有金属粉尘粘附。

**想一想**

电感式接近开关的技术参数有哪些?

## 【任务评价】

| 评价内容 | 分　值 | 得　分 |
|---|---|---|
| 识别电感式接近开关的参数 | 20分 | |
| 会用万用表检测电感式接近开关 | 30分 | |
| 会电感式接近开关和 PLC 的接线 | 20分 | |
| 电感式接近开关和 PLC 控制系统的通电检测 | 30分 | |
| 总　分 | | |
| 评　价 | | |

## 【知识拓展】

### 接近开关传感器的常识

**一、接近开关传感器的类型**

(1)按供电形式的不同分为:直流型和交流型两大类。

(2)按使用方法的不同分为:接触式和非接触式两大类。

(3)按输出形式可分为:直流两线制、直流三线制、直流四线制、交流两线制和交流三线制。

(4)按工作原理不同可分为:电感式接近开关、电容式接近开关、霍尔开关、光电开关等。

**二、接近开关传感器的接线方式**

接近开关传感器输出多由 NPN、PNP 型晶体管输出,输出状态有常开(NO)和常闭(NC)两种形式。外部接线常见的是二线制、三线制、四线制和五线制,连接导线多采用 PVC 外皮、PVC 芯线,芯线颜色多为棕色(brown)、黑色(black)、蓝色(blue)、黄色(yellow),不同的产品可能芯线颜色不同,使用时应仔细查看说明书。图 8-6 为电感式接近开关的几种接线形式。

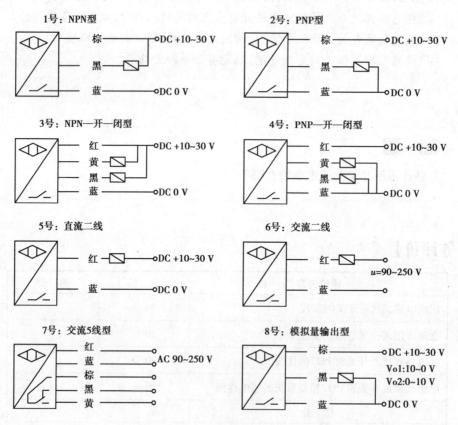

图 8-6　电感式接近开关的几种接线形式

### 三、接近开关传感器的选型

（1）当检测体为金属材料时,应选用高频振荡型接近开关,该类接近开关对铁镍、钢类检测体检测最灵敏。对铝、黄铜和不锈钢类检测体,其检测灵敏度就低。

（2）当检测体为非金属材料时,如木材、纸张、塑料、玻璃和水等,应选用电容型接近开关。

（3）金属体和非金属要进行远距离检测和控制时,应选用光电型接近开关或超声波型接近开关。

（4）检测体为金属时,若检测灵敏度要求不高,可选用价格低廉的磁性接近开关或霍尔式接近开关。

# 任务2　霍尔开关测量物体位置

## 【任务分析】

本任务是熟悉霍尔开关的基本工作原理及常用术语,掌握霍尔开关检测物体的位置,了解磁敏位置检测元件的应用范围。

## 【知识准备】

### 一、霍尔开关的工作原理

1.霍尔效应和霍尔元件

如图8-7所示,在一块通电的半导体薄片上,加上和片子表面垂直的磁场$B$,在薄片的横向两侧会出现一个电压,如图中的$U_H$,这种现象就是霍尔效应,是由科学家爱德文·霍尔在1879年发现的。$U_H$称为霍尔电压。

这种现象的产生,是因为通电半导体片中的载流子在磁场产生的洛仑兹力的作用下,分别向片子横向两侧偏转和积聚,形成一个电场,称作霍尔电场。霍尔电场产生的电场力和洛仑兹力相反,它阻碍载流子继续堆积,直到霍尔电场力和洛仑兹力相等。这时,片子两侧建立起一个稳定的电压,这就是霍尔电压。在片子上做4个电极,其中$C_1$、$C_2$间通以工作电流$I$,$C_1$、$C_2$称为电流电极,$C_3$、$C_4$间取出霍尔电压$U_H$,$C_3$、$C_4$称为敏感电极。将各个电极焊上引线,并将片子用塑料封装起来,形成一个完整的霍尔元件（又称霍尔片）。

霍尔元件是一种磁敏元件,外形如图8-8所示。

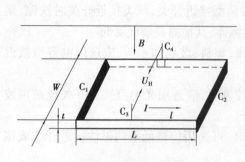

图 8-7　霍尔效应图

图 8-8　霍尔元件外形图

**2. 霍尔开关**

利用霍尔元件做成的开关,称为霍尔开关。当磁性物件移近霍尔开关时,开关检测面上的霍尔元件产生霍尔效应使开关内部电路状态发生变化,由此识别附近有磁性物体存在,进而控制开关的通或断。这种接近开关的检测对象必须是磁性物体。

霍尔开关内部组成框图如图 8-9 所示。当有磁场作用在霍尔开关集成传感器上时,霍尔元件输出霍尔电压 $U$,形成一次磁场强度变化,使传感器完成一次开关动作。

霍尔接近开关的外形有多种样式,如图 8-10 所示。

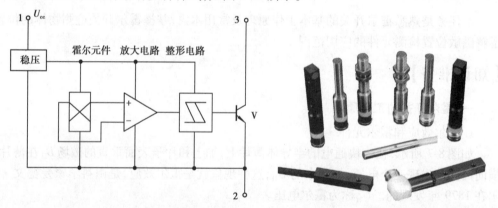

图 8-9　霍尔开关内部框图　　　　图 8-10　霍尔接近开关外形图

**二、霍尔开关的性能**

霍尔开关属于有源磁电转换器件,它是在霍尔效应原理的基础上,利用集成封装和组装工艺制作而成,它可方便地把磁输入信号转换成实际应用中的电信号,同时又具备生产中需要的操作性和可靠性。

霍尔开关的输入端是以磁感应强度 $B$ 来表示的,当 $B$ 值达到一定的程度(如 $B_1$)时,霍尔开关内部的触发器翻转,霍尔开关的输出电平状态也随之翻转。输出端一般采用晶体管输出,和其他传感器类似有 NPN、PNP、常开型、常闭型、锁存型(双极性)、双信号输出之分。

霍尔开关具有使用寿命长、无触点磨损、无火花干扰、无转换抖动、工作频率高、温度特性好、能适应恶劣环境等优点。霍尔开关可应用于接近传感器、压力传感器、里程表等。

## 【任务实施】

### 霍尔接近开关的检测

**1. 万用表电阻挡测试**

霍尔元件有立式和卧式两种,它们各脚之间阻值有一定关系,②、④脚间阻值等于③、④脚间阻值,①、②脚间阻值等于①、③脚间阻值,并且各脚之间阻值应为300~500 Ω,正、反向测量无明显差别,否则该元件失效。

找两只霍尔开关元件进行检测,并把结果填在下表中。

| 霍尔开关 | ②、④脚间阻值/Ω | ③、④脚间阻值/Ω | ①、②脚间阻值/Ω | ①、③脚间阻值/Ω |
|---|---|---|---|---|
| 霍尔开关1 |  |  |  |  |
| 霍尔开关2 |  |  |  |  |

**2. 万用表电压挡测试**

首先,找一只2 kΩ的电阻$R_L$接于①、③脚之间,并将12 V直流电源的正极接于霍尔开关的①脚,负极接于霍尔开关的②脚。将万用表置于直流50 V挡,红表笔接③脚,黑表笔接②脚,观察万用表指针的变化。当用磁铁N极接近霍尔开关的测试点时,万用表的指针由高电平向低电平偏转;当磁铁N极远离霍尔开关的测试点时,万用表的指针由低电平向高电平偏转。如果磁铁N极接近和远离霍尔开关的测试点时,万用表的指针均不偏转,则说明该霍尔开关已损坏。

找一只霍尔开关进行电路连接并测试,并把结果填在下表中。

|  | 磁铁接近霍尔开关 | 磁铁远离霍尔开关 |
|---|---|---|
| 万用表检测的电压值/V |  |  |

### 想一想

霍尔式开关的工作原理。

## 【任务评价】

| 评价内容 | 分 值 | 得 分 |
|---|---|---|
| 霍尔开关参数的识别 | 20分 | |
| 会用万用表电阻挡检测霍尔开关 | 40分 | |
| 会用万用表电压挡检测霍尔开关 | 40分 | |
| 总 分 | | |
| 评 价 | | |

## 【知识拓展】

### 霍尔开关分类

1. 单极霍尔效应开关(数字输出)

单极霍尔效应开关具有磁性工作阈值(Bop)。如果霍尔单元承受的磁通密度大于工作阈值,那么输出晶体管将开启;当磁通密度低于工作阈值(Brp),晶体管会关闭。滞后(Bhys)是两个阈值(Bop-Brp)之间的差额。即使存在外部机械振动及电气噪音,此内置滞后可实现输出的净切换。单极霍尔效应的数字输出可适应各种逻辑系统。这些器件非常适合与简单的磁棒或磁杆一同使用。单极性霍尔开关它的正反面各指定一个磁极感应才会有作用,在具体应用当中应该注意磁铁的磁极安装,装反后就会造成单极性不感应输出。

2. 双极霍尔效应开关(数字输出)

双极性霍尔效应开关又分双极性不带锁存型霍尔开关和双极性锁存型霍尔开关。

双极霍尔效应开关通常在南极磁场强度足够的情况下打开,并在北极磁场强度足够的情况下关闭,但如果磁场被移除,则是随机输出,有可能是打开,也有可能是关闭。这些霍尔效应开关可使用南北交变磁场、多极环磁铁进行磁驱动。双极锁存型霍尔效应开关通常在南极磁场强度足够的情况下打开,并在北极磁场强度足够的情况下关闭,但如果磁场被移除,不会更改输出状态。

3. 全极霍尔效应开关(数字输出)

与其他霍尔效应开关不同,只要存在强度足够大的北极或南极磁场,这些器件就能打开;而在没有磁场的时候,输出会关闭。

4. 线性霍尔效应传感器 IC(模拟输出)

线性霍尔效应传感器 IC 的电压输出会精确跟踪磁通密度的变化。在静态(无磁场)时,从理论上讲,输出应等于在工作电压及工作温度范围内的电源电压的一半。霍尔线性器件将精确地追踪南极或者北极磁场。其部件可测量电流的角、接近性、运动及磁通量。它们能够以磁力驱动的方式反映机械事件。

### 霍尔开关在汽车电子点火装置中的应用

霍尔式无触点汽车点火线圈,如图8-11所示。

采用霍尔式无触点电子点火装置能较好地克服汽车合金触点点火时间不准确、触点易烧坏、高速时动力不足等缺点。

霍尔式无触点汽车电子点火装置工作原理,如图8-12所示。

汽车电子点火电路及波形如图8-13所示。

当叶片遮挡在霍尔IC面前时,PNP型霍尔IC的输出为低电平,晶体管功率开关处于导通状态,点火线圈低压有较大电流通过,并以磁场能量的形式储存在点火线圈的铁芯中。

高压输出接头　12 V低压电源输入接头

图8-11　汽车点火线圈

(a)带缺口的触发器叶片

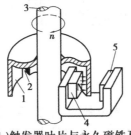

(b)触发器叶片与永久磁铁及霍尔集成电路之间的安装关系

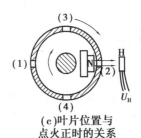

(c)叶片位置与点火正时的关系

图8-12　桑塔纳汽车霍尔式分电器示意图
1—触发器叶片;2—槽口;3—分电器转轴;4—永久磁铁;5—霍尔集成电路(PNP型霍尔IC)

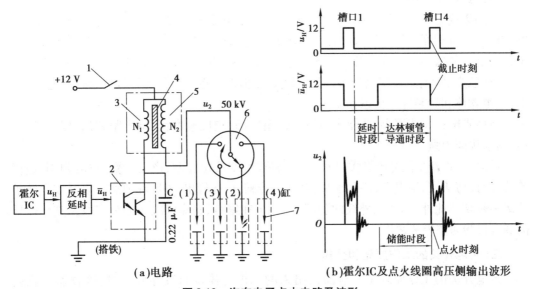

(a)电路　　　　(b)霍尔IC及点火线圈高压侧输出波形

图8-13　汽车电子点火电路及波形
1—点火开关;2—达林顿晶体管功率开关;3—点火线圈低压侧;4—点火线圈铁芯;
5—点火线圈高压侧;6—分火头;7—火花塞

当叶片槽口转到霍尔IC面前时,霍尔IC输出跳变为高电平,经反相变为低电平,达林顿管截止,切断点火线圈的低压侧电流。由于没有续流元件,所以存储在点火线圈铁芯中的磁场能量在高压侧感应出 $30 \sim 50$ kV 的高电压。

# 任务3 光电开关测量物体位置

## 【任务分析】

本任务是了解光电开关的工作原理、类型和主要技术参数指标,熟悉不同光电开关的外部接线方式及芯线颜色的接法,掌握光电开关的位置检测方法。

## 【知识准备】

### 一、光电效应

光电传感器工作的物理基础是光电效应。光照射到某些物质上,引起物质的电性质发生变化,也就是光能量转换成电能。这类光致电变的现象被人们统称为光电效应。

### 二、光电开关的特点

光电开关是传感器的一种,它把发射端和接收端之间光的强弱变化转化为电流的变化以达到探测的目的。

采用集成电路技术和SMT表面安装工艺制造的新一代光电开关器件,具有延时、展宽、外同步、抗相互干扰、可靠性高、工作区域稳定和自诊断等智能化功能。这种新型的光电开关是一种采用脉冲调制的主动式光电探测系统型电子开关,它所使用的冷光源有红外光、红色光、绿色光和蓝色光等,可非接触,无损伤地迅速控制各种固体、液体、透明体、黑体、柔软体和烟雾等的状态和动作。

新型光电开关体积小、功能多、寿命长、精度高、响应速度快、检测距离远,以及抗光、电、磁干扰能力强。

目前,这种新型的光电开关已被用作物位检测、液位控制、产品计数、宽度判别、速度检测、定长剪切、孔洞识别、信号延时、自动门传感、色标检出、冲床和剪切机以及安全防护等诸多领域。此外,利用红外线的隐蔽性,还可在银行、仓库、商店、办公室以及其他需要的场合作为防盗警戒之用。

### 三、光电开关的工作原理和分类

光电开关的工作原理是发射器发出来的光被物体阻断或部分反射,接收器接收变化的光,并进行光电转换,同时以某种形式的放大和控制,输出"开""关"信号,如图8-14所示。

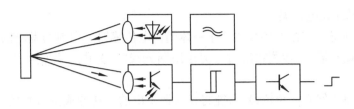

图8-14 光电开关工作原理图

光电开关根据使用原理的不同,可分为对射式、漫反射式、镜反射式、光纤式和槽式等类型。

(1)对射式光电开关

对射式光电开关由相互分离且相对安装的光发射器和光接收器组成。当被检测物体位于发射器和接收器之间时,光线被阻断,接收器接收不到光线而产生开关信号,如图8-15所示。对射式光电开关的检测距离一般可达十几米,对所有能遮断光线的物体均可检测。当检测物体不透明时,对射式光电开关是很可靠的检测装置。

对射式光电开关的应用如图8-16所示。

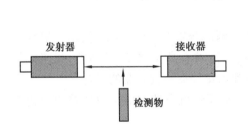

图8-15 对射式光电开关原理图

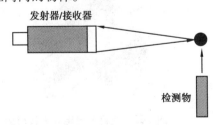

图8-16 流水线上的光电开关应用图

(2)漫反射式光电开关

将发射器与接收器置于一体的光电传感器。当有检测物体经过时,物体将光电开关发射器发射的足够量的光线漫反射到接收器,光电开关的内部电路就产生一个光电信号,如图8-17所示。这种光电开关主要适用于有光亮或表面反光率较高的被测物体。

漫反射式光电开关的应用如图8-16和图8-18所示,检测罐装高度,也可以检测一定距离内的物体。

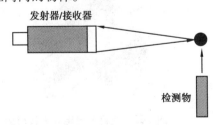

图8-17 漫反射式光电开关原理图

图8-18 自动水龙头光电开关应用图

（3）镜反射式光电开关

这也是一种将发射器与接收器置于一体的光电传感器。发射器发出的光线经过专用反射镜反射回接收器，当检测物经过且完全阻断光线时，光电开关就产生了开关信号，如图8-19所示。

当反射镜使用偏光三角棱镜时，能将发射器发出的光转变成偏振光反射回去，光接收器表面覆盖一层偏光透镜，只能接受反射镜反射回来的偏振光，如图8-20所示。

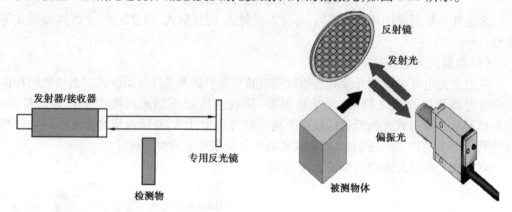

图 8-19　镜反射式光电开关原理图　　　　图 8-20　镜反射式光电开关应用图

（4）光纤式光电开关

光纤式光电开关由光纤头与放大器（或成本体）两部分组成，如图8-21所示。根据检测物体的需要可选择不同的安装头；为满足输出特性需求有高灵敏度、低回差、高速检测和标记检测4种放大器本体可选；检测距离时，要考虑安装头与放大器的组合。

高灵敏度型光纤式光电开关：与漫反射式光纤头配合可方便地对反射率差的检测体或微小物体进行检测。

低回差型光纤式光电开关：用于色标检测、透明体检测等，在光量差极小的场合下，使用此型号。

高速检测型光纤式光电开关：微小物体的高速通过，要求高速响应的应用场合，实现了相应时间为 50 μs 的检测。

标记检测型光纤式光电开关：采用绿色光源，可对用红光检测困难的标志进行检测。

光纤式光电开关的应用如图8-22所示，可用于透明度测量、控制。

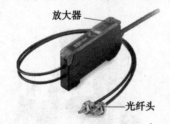

图 8-21　光纤式光电开关实物图

图 8-22　光纤式光电开关应用图

（5）槽式光电开关

槽式光电开关通常是标准的 U 字形结构，如图 8-23 所示。其发射器和接收器做在体积很小的同一塑料壳体中，分别位于 U 形槽的两边，并形成一道光轴，两者能可靠地对准，为安装和使用提供了方便。当被检测物体经过 U 形槽且阻断光轴时，光电开关就产生表示检测到物体的开关量信号。槽式光电开关可靠性高，较适合高速检测，它还可以分辨透明和半透明物体。

它广泛应用于自动控制系统、生产流水线、机电一体化设备、办公设备和家用电器中。

槽式光电开关的应用如图 8-24 所示，当工件经过光电断续器时，接收器即产生一个计数脉冲。

图 8-23　槽式光电开关图

图 8-24　槽式光电开关应用图

## 【任务实施】

**一、光电开关的检测**

**1. 光电开关检测方法**

选一个 TLP1201A 型号的光电开关，根据光电传感器的型号确定每个引脚的定义，如图 8-25 所示，引脚 1 为电源的正极 $V_{CC}$，引脚 2 为电源的负极 GND，引脚 3 为输出 OUT。

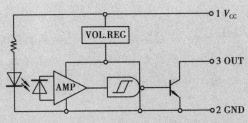

图 8-25　TLP1201A 型光电开关原理图

测试电源选用 3～6 V 均可（2～4 节 1.5 V 干电池也可以），发光二极管 $V_D$，电阻 4.7 kΩ，按照图 8-26 所示用导线将其进行连接。通过使用不透光的材料，在光电传感器的槽内来回移动，观察发光二极管处于亮或灭的变化状态，判定传感器有无故障。当光电传感器槽内被物体遮挡时，发光二极管为灭；当光电传感器槽内不被遮挡时，发光二极管为亮。

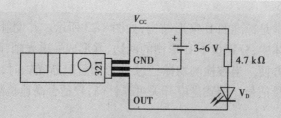

**图 8-26　TLP1201A 型光电开关检测电路图**

上述方法也可以对其他型号的光电传感器进行检测,但一定要搞清每个引脚的定义,以及输入电压范围、内部电路的极性、最大输出电流等,以免烧毁传感器。

2．光电开关检测练习

选用两个 TLP1201A 型光电开关进行电路连接和测试,并将测试结果填入下表中。

| 光电开关 | 不透光材料放入槽中,发光二极管(亮或灭) | 不透光材料取出槽外,发光二极管(亮或灭) |
|---|---|---|
| 光电开关 1 | | |
| 光电开关 2 | | |

## 二、制作光电亮通和暗通控制电路

1．了解光电亮通和暗通

亮通:受光部接收到光信号后,开关导通,反之不导通。对于对射型和镜片反射型的光电开关,当没有物体时,光线不被遮挡,受光部接收到光线,开关导通;有物体时,光线被遮挡,受光部接收不到光线,开关断开。对于漫反射型光电开关,当没有物体时,光线不被反射,受光部接收不到光线,开关断开;当有物体时,光线被物体反射,受光部接收到光线,开关导通。

暗通:受光部接收不到光信号后,开关导通,反之不导通。对于对射型和镜片反射型的光电开关,当没有物体时,光线不被遮挡,受光部接收到光线,开关断开;有物体时,光线被遮挡,受光部接收不到光线,开关导通。对于漫反射型光电开关,当没有物体时,光线不被反射,受光部接收不到光线,开关导通;当有物体时,光线被物体反射,受光部接收到光线,开关断开。

2．认识光敏二极管

光敏电阻器是利用半导体的光电效应制成的一种电阻值随入射光的强弱而改变的电阻器,入射光强,电阻减小,入射光弱,电阻增大。利用这个特性可以来制作亮通/暗通控制电路。

光敏电阻器一般用于光的测量、光的控制和光电转换(将光的变化转换为电的变化)。常用的光敏电阻器是硫化镉光敏电阻器,它是由半导体材料制成的。光敏电阻器的阻值随入射光线(可见光)的强弱变化而变化,在黑暗条件下,它的阻值(暗阻)可达 $1 \sim 10$ MΩ,在强光条件(100 Lx)下,它阻值(亮)仅有几百至数千欧。

光敏电阻器对光的敏感性(即光谱特性)与人眼对可见光(0.4~0.76 μm)的响应很接近,只要人眼可感受的光,都会引起它的阻值变化。设计光控电路时,都用白炽灯泡(小电珠)光线或自然光线做控制光源。

3.光电亮通控制电路的制作

按照图8-27所示的电路原理图来连接实际电路。图中,光敏电阻是一个随光线强弱而变化的电阻,当光线很弱时,电阻值很大,远远大于电阻R的电阻值,这时,晶体管截止,继电器线圈不得电,常开触点断开。当光敏电阻的光线较强时,其电阻值下降很快,直到降为1 kΩ左右,其大小和R接近,此时,电阻R与光敏电阻组成分压电路,晶体管导通,继电器线圈得电,常开触点闭合,灯泡被点亮。在实践过程中,可用可变电阻来代替电阻R,调节R的大小,直到满足电路需求,这样效果会更好。

4.光电暗通控制电路的制作

按照图8-28所示的电路原理图来连接实际电路。图中,光敏电阻是一个随光线强弱而变化的电阻,当光线很弱时,电阻值很大,远远大于电阻R的电阻值,这时,电阻R与光敏电阻组成分压电路,使得电压绝大部分加在光敏电阻上,晶体管导通,继电器线圈得电,常开触点闭合,灯泡被点亮。当光敏电阻的光线较强时,其电阻值下降很快,当降得很小时,B点的电压也较小,此时,晶体管截止,继电器线圈不得电,常开触点断开,灯泡不亮。同样,在接线时,用可变电阻来代替电阻R,调节R的大小,直到满足电路需求,这样效果会更好。

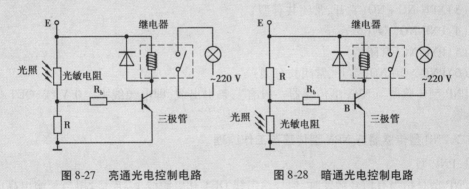

图 8-27　亮通光电控制电路　　　　图 8-28　暗通光电控制电路

## 想一想

光电开关分为哪几类?

## 【任务评价】

| 评价内容 | 分 值 | 得 分 |
|---|---|---|
| 检测光电开关 | 40 分 | |
| 制作光电亮通控制电路 | 30 分 | |
| 制作光电暗通控制电路 | 30 分 | |
| 总 分 | | |
| 评 价 | | |

## 【知识拓展】

### 光电传感器 NPN 型和 PNP 型介绍

PNP 型传感器与 NPN 型传感器其实就是利用三极管的饱和和截止,输出两种状态,属于开关型传感器。其输出信号是截然相反的,即高电平和低电平。NPN 输出是低电平 0,PNP 输出的是高电平 1。

**一、PNP 型传感器与 NPN 型传感器(开关型)分类**

(1)NPN-NO(常开型)

(2)NPN-NC(常闭型)

(3)NPN-NC + NO(常开、常闭共有型)

(4)PNP-NO(常开型)

(5)PNP-NC(常闭型)

(6)PNP-NC + NO(常开、常闭共有型)

PNP 型传感器与 NPN 型传感器一般有三条引出线,即电源线 $V_{CC}$、0 V 线、OUT 信号输出线。

**二、PNP 型传感器与 NPN 型传感器工作原理**

1. PNP 型

PNP 型是指当有信号触发时,信号输出线 OUT 和电源线 $V_{CC}$ 连接,相当于输出高电平的电源线。

对于 PNP-NO 型,在没有信号触发时,输出线是悬空的,即 $V_{CC}$ 电源线和 OUT 线断开。有信号触发时,发出与 $V_{CC}$ 电源线相同的电压,即 OUT 线和电源线 $V_{CC}$ 连接,输出高电平 $V_{CC}$。

对于 PNP-NC 型,在没有信号触发时,发出与 $V_{CC}$ 电源线相同的电压,即 OUT 线和电源线 $V_{CC}$ 连接,输出高电平 $V_{CC}$。当有信号触发后,输出线是悬空的,即 $V_{CC}$ 电源线和 OUT 线断开。

对于 PNP-NC + NO 型,其实就是多出一个输出线 OUT,根据需要取舍。

2. NPN 型

NPN 型是指当有信号触发时,信号输出线 OUT 和 0 V 线连接,相当于输出低电平 0 V。

对于 NPN-NO 型,在没有信号触发时,输出线是悬空的,即 0 V 线和 OUT 线断开。有信号触发时,发出与 0 V 相同的电压,即 OUT 线和 0 V 线连接,输出低电平 0 V。

对于 NPN-NC 型,在没有信号触发时,发出与 0 V 线相同的电压,即 OUT 线和 0 V 线连接,输出低电平 0 V。当有信号触发后,输出线是悬空的,即 0 V 线和 OUT 线断开。

对于 NPN-NC + NO 型,和 PNP-NC + NO 型类似,多出一个输出线 OUT 和两条信号反相的输出线,根据需要取舍。

我们一般常用的是 PNP 型,即高电平有效状态,NPN 型很少使用。

3. 开关传感器输出 PNP 与 NPN 的转换

开关传感器输出形式有 PNP 和 NPN 之间互相转换等多种。实际使用时遇到从 PNP 到 NPN 或 NPN 到 PNP 的转换问题,解决方法如下。

如图 8-29 所示,(a)图为 PNP 输出转换为 NPN 输出,(b)图为 NPN 输出转换为 PNP 输出,均为集电极开路形式。其工作原理不在此详述。

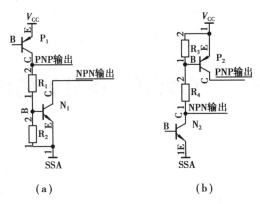

（a）　　　　　　　　　　　（b）

**图 8-29　开关传感器输出 PNP 与 NPN 转换电路图**

最简单的方法是用继电器转换。

**三、光电开关的接线**

光电开关按照其内部的光电元件来分,有 NPN、PNP、NMOS、PMOS 几种,其中 NMOS 型与 NPN 型、PMOS 型与 PNP 型接线相同。对照型光电开关需两侧配线,即对投光器和受光器分别配线,其他配线均为单侧配线。各种开关均有棕色、蓝色、黑色连线,其中棕色线为电源( + ),蓝色线为电源( – ),黑色线为信号线。NPN 型负载接在棕色线与黑色线之间,PNP 型负载接在黑色线与蓝色线之间。另外,有些光电开关带有自诊断功能,主要是对接收到的光量在稳定的入射光量与遮光量之间时进行诊断输出,诊断输出信号线为橙色线。

光电传感器直流型输出接口形式如图 8-30 所示。

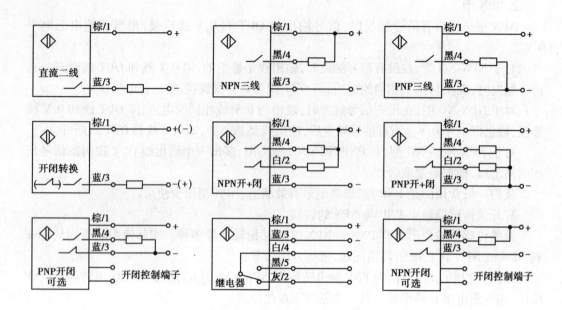

图 8-30　直流型输出接口形式

# 任务4　电容式接近开关的应用

## 【任务分析】

本任务是理解电容式接近开关的基本原理、外部接线和主要应用,熟悉电容式接近开关的使用方法,了解电容式接近开关与其他接近开关的异同。

## 【知识准备】

### 一、认识电容式接近开关

在前面任务中,我们学习了电感接近开关、霍尔接近开关、光电接近开关等多种位置检测传感器及其应用方法。通过比较发现,每种检测传感器都有不同的检测范围。当检测金属物质(如铁、铜、钢等)的位置时,可以选择电感接近开关;当检测磁性物质(如永久磁铁、磁钢等)的位置时,可以选择霍尔接近开关。对于其他的物质(如朔料、玻璃、水、纸油等),我们选择那种传感器更好呢? 可以选择电容式接近开关,这是我们这次任务要学习的内容。

电容式接近开关属于一种具有开关量输出的位置传感器,它的测量头通常是构成电容器的一个极板,而另一个极板是物体的本身,当物体移向接近开关时,物体和接近开关的介电常数发生变化,使得和测量头相连的电路状态也随之发生变化,由此便可控制开关的接通和关断。

电容式接近开关的特点是结构简单、灵敏度高、动态响应特性好、适应性强、抗过载能力强及价格低廉。电容式接近开关检测的物体,并不限于金属导体,也可以是绝缘的固体、液体或粉状物体。它被广泛应用于直线位移、角位移、金属的表面状况、距离尺寸、油膜厚度、压力及加速度等的测量。因此,电容式接近开关在自动检测和自动控制系统中常用作位置信号发送器。

如图8-31是利用电容式接近开关测量谷物高度的示意图。

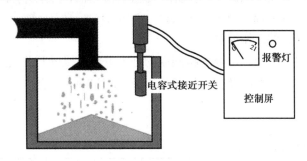

**图8-31 电容式接近开关应用图**

电容式接近开关可分为齐平式、非齐平式、远距离式、全密封防水式等结构,其外形如图8-32所示。

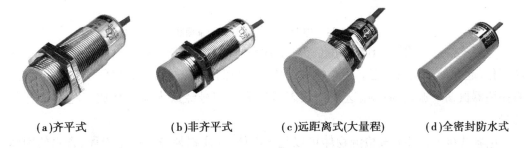

(a)齐平式　　　　(b)非齐平式　　　(c)远距离式(大量程)　　(d)全密封防水式

**图8-32 电容式接近开关外形图**

**二、电容式接近开关的结构和工作原理**

**1. 电容式接近开关的结构**

电容式接近开关的内部结构如图8-33所示,主要由检测极板、测量转换电路、灵敏度调节电位器、工作指示灯和信号电缆等组成。

电容式接近开关的检测极板设置在接近开关的最前端,测量转换电路安装在接近开关壳体内,用介质损耗很小的环氧树脂填充、灌封。所以,检测时要用接近开关前端去接近被测物体。

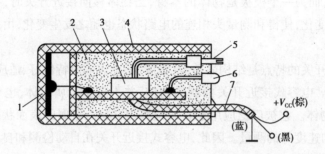

**图 8-33　圆柱形电容式接近开关的结构图**

1—检测极板；2—充填树脂；3—测量转换电路；4—塑料外壳；

5—灵敏度调节电位器；6—工作指示灯；7—信号电缆

2. 电容式接近开关的工作原理

电容式接近开关是一个以电极为检测端的静电电容式接近开关，它由高频振荡电路、检波电路、放大电路、整形电路及输出等部分组成，如图 8-34 所示。

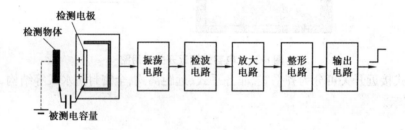

**图 8-34　电容式接近开关工作原理图**

电容式接近传感器工作时，由传感器的检测面与大地间构成一个电容器，参与振荡回路工作，起始处于振荡状态。当物体接近传感器检测面时，回路的电容量发生变化，使高频振荡器振荡。振荡与停振这二种状态转换为电信号经放大器转化成二进制的开关信号。

电容式接近开关的被检测物体可以是导电体、介质损耗较大的绝缘体、含水的物体（例如饲料、人体等），可以是接地的，也可以是不接地的。

不同材料的非金属检测物对电容式接近开关动作距离的影响较大，如果以水的动作距离为 100%，其他常见非金属检测物的动作距离百分比见表 8-1 所示。

**表 8-1　非金属检测物对电容式接近开关动作距离**

| 材　　料 | 水 | 酒精 | 玻璃 | 木　材 | 纸 | 橡　皮 | 石英晶体 | 尼龙 |
|---|---|---|---|---|---|---|---|---|
| 动作距离 | 100% | 85% | 40% | 20%～50% | 20%～35% | 20%～35% | 20%～40% | 20% |

## 【任务实施】

### 一、电容式接近开关动作距离的调整方法

电容式接近开关动作距离一般为可调的,以适合不同的物体,因此在安装时要调整,调整方法如下:

如图 8-35(a)图,电位器向右旋转时,检测距离增大;向左旋转时,检测距离减小。调节圈数最大为 10 圈。

如图 8-35(b)图,在无检测状态下,将电位器慢慢向右旋,接近开关 ON 时停下来。

如图 8-35(c)图,在检测体接近时,将电位器慢慢向左旋,在接近开关 OFF 时停下来。

如图 8-35(c)图,将电位器调在 ON 和 OFF 中间,此时,调整完毕。

图 8-35　电容式接近开关动作距离调整图

### 二、调整练习

(1)找一个电容式接近开关,并接上电源。

(2)按照以上的方法调整电容式接近开关动作距离。

### 想一想

电容式接近开关的特点?

## 【任务评价】

| 评价内容 | 分　值 | 得　分 |
|---|---|---|
| 识别电容式接近开关的参数 | 20 分 | |
| 连接电容接近开关的电路 | 40 分 | |
| 调整电容接近开关动作距离 | 40 分 | |
| 总　分 | | |
| 评　价 | | |

## 【知识拓展】

### 使用电容式接近开关的注意事项

（1）检测区有金属物体时，容易造成对传感器检测距离的影响。如果周围还安装有另外的传感器，也会对传感器的性能带来影响。

（2）电容式接近开关安装在高频电场附近时，易受高频电场的影响而产生误动作。

（3）电容式接近开关应用中，被测物不限于金属体，塑料、木材、纸张、液体、粉粒等介质可以检测。

（4）不同的电容式接近开关的输出提供的输出端口数量也是不一样的，有两线、三线、四线，甚至五线的。

（5）在检测较低介电常数的物体时，可以顺时针调节多圈电位器（位于开关后部）来增加感应灵敏度。一般调节电位器使电容式的接近开关在 0.7～0.8 Sn 的位置动作。

（6）电容式接近开关的接通时间为 50 ms，所以，当负载和接近开关采用不同电源时，务必先接通接近开关的电源。

# 任务5 磁性开关的应用

## 【任务分析】

本任务是了解磁性开关的基本工作原理及主要技术参数指标，熟悉磁性开关的外部接线，掌握磁性开关在气缸上的应用，掌握磁性开关与 PLC 的接线及调试。

## 【知识准备】

### 一、认识磁性开关

磁性开关的意思就是通过磁铁来感应。这个"磁"就是磁铁，磁铁也有好几种，常用的磁铁有橡胶磁、永磁铁氧体、烧结钕铁硼等。

磁性开关有多种，最常见的一种就是干簧管。干簧管是干式舌簧管的简称，又称为磁控管，它同霍尔元件差不多，但原理不同，是利用磁场信号来控制的一种开关元件，无磁时断开，可以用来检测电路或机械运动的状态。

干簧管的优点是结构简单，体积小便于控制等。其外壳一般是一根密封的玻璃管，管中装有两个铁质的弹性簧片电板，还灌有一种称为金属铑的惰性气体。平时，玻璃管中的两个由特殊材料制成的簧片是分开的。当有磁性物质靠近玻璃管时，在磁场磁力线的作用下，管内的两个簧片被磁化而互相吸引接触，从而吸合在一起，使结点所接的电路连通。

外磁力消失后,两个簧片由于本身的弹性而分开,线路也就断开。因此,作为一种利用磁场信号来控制的线路开关器件,干簧管可以作为传感器用,用于计数、限位等。在电子电路中只要使用自动开关,基本上都可以使用干簧管。干簧管的外形如图8-36所示。

常开型干簧管的内部结构如图8-37所示,用磁性材料制造的弹性舌簧组成,舌簧密封于充有惰性气体的玻璃管中,舌簧端面互叠但留有一条细间隙。舌簧端面触点镀有一层贵金属,如铑或钌,使开关具有稳定的特性和极长的使用寿命。

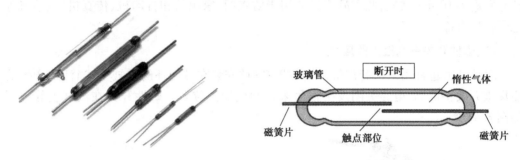

图8-36 干簧管外形图　　　　　图8-37 常开型干簧管断开图

常开型干簧管工作时,由永久磁铁或线圈所产生的磁场施加于开关上,使干簧管两个舌簧磁化,一个舌簧在触点位置上生成 N 极,另一个舌簧的触点位置上生成 S 极,如图8-38所示。若生成的磁场吸引力克服了舌簧弹性所产生的阻力,舌簧被吸引力作用接触导通,即电路闭合。一旦磁场力消除,舌簧因弹力作用又重新分开,即电路断开。

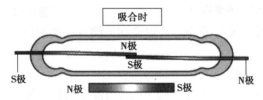

图8-38 常开型干簧管吸合图

单极双投型干簧管的内部结构如图8-39所示,它有常开和常闭两个触点。

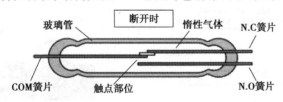

图8-39 单极双投型干簧管断开图

当单极双投型干簧管施加一磁场时,公用触点将从常闭触点转移至常开触点,如图8-40所示。

另一种磁性开关就是常说的接近开关(门磁开关),又称为感应开关,它有一个开好模具并且是标准尺寸的塑胶外壳,将干簧管灌封在黑色外壳里面用导线引出,另一半带有磁铁的塑料外壳固定在另一端,当这个磁铁靠近带有导线的开关时,发出开关信号。一般

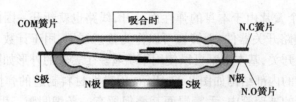

图 8-40 单极双投型干簧管吸合图

信号距离为 10 mm 接通,此产品广泛应用于防盗门、家用门和打印机、传真机、电话机等电子仪器设备。

**二、磁性开关在汽缸上的应用**

磁性开关也常用来检测汽缸活塞位置,它被安装在带磁环的汽缸上,当活塞产生的磁场被开关检测到,电路关闭发出信号来控制机器的位置。磁性开关在汽缸上的应用如图 8-41 所示。

图 8-41 磁性开关在汽缸上的应用图

图 8-42 有接点磁簧管结构图

汽缸上应用的磁性开关可分为有接点型和无接点型两种,有接点的是磁簧管型,无接点的是电晶体型。

1. 有接点磁簧管型磁性开关

有接点磁簧管的内部结构如图 8-42 所示,内部为两片磁簧管组成的机械触点。其外部接线如图 8-43 所示,交直流电源通用。

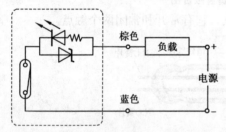

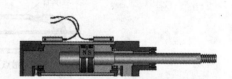

图 8-43 有接点磁簧管外部接线图

图 8-44 汽缸上的磁性开关图

汽缸上的磁性开关动作原理,如图 8-44 所示,当随汽缸移动的磁环靠近感应开关时,感应开关的两根磁簧片被磁化而使触点闭合,产生电信号;当磁环离开磁性开关后,舌簧片失磁,触点断开,电信号消失。这样可以检测到汽缸的活塞位置从而控制相应的电磁阀动作。

2.无接点电晶体型磁性开关

无接点电晶体型磁性开关,分为 NPN 型和 PNP 型。其常用的三线式外部接线图如图 8-45 和图 8-46 所示。无接点电晶体型磁性开关一般只用于直流电源。

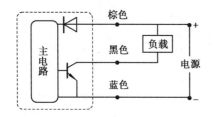

图 8-45　NPN 型磁性开关接线图

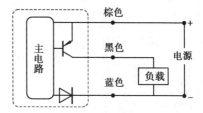

图 8-46　PNP 型磁性开关接线图

无接点式感应开关从结构和原理上与有接点式感应开关都有本质的区别,它是通过对内部晶体管的控制来发出控制信号。当磁环靠近感应开关时,晶体管导通,产生电信号;当磁环离开磁性开关后,晶体管关断,电信号消失。最大感应点如图 8-47 所示。

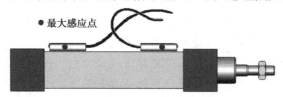

图 8-47　无接点式感应开关感应点图

## 【任务实施】

### 一、磁簧管型磁性开关的检测

1.用磁性开关检测仪检测磁簧管型磁性开关

按照图 8-48 连接线路,用一磁铁沿图 8-48 箭头的方向移动,如果检测仪指示灯变亮并且发出声音,则感应开关可用;如果没有该现象,请将检测仪的拨码开关扳到另外一挡,若仍然没有上述现象,则说明开关已损坏。

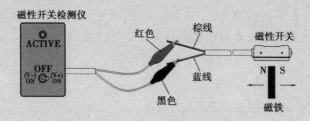

图 8-48　磁簧管型磁性开关检测图

如果没有磁性开关检测仪,可以用万用表的欧姆挡来检测,把图 8-48 的磁性开关检测仪换成万用表,并调在欧姆挡。当磁铁靠近磁性开关时,万用表应显示接通,电阻很小;当磁铁远离磁性开关时,万用表应显示断开,电阻为无穷大。

2.磁簧管型磁性开关的检测练习

找两只磁簧管型磁性开关,按照上面的检测方法进行检测练习,将检测结果填入下表中。

| 磁簧管型磁性开关 | 磁铁靠近磁性开关(灯亮或灭)/万用表显示(接通或断开) | 磁铁远离磁性开关(灯亮或灭)/万用表显示(接通或断开) |
| --- | --- | --- |
| 磁簧管型磁性开关1 | | |
| 磁簧管型磁性开关2 | | |

### 二、汽缸上磁性开关和 PLC 连接与调试

1.磁簧管型磁性开关与三菱 PLC 的连接与调试

磁性开关为控制信号,应接至 PLC 的输入端,如图 8-49 所示。

按照图 8-49 连接好电路,检查无误后,通电调试。用手拉动汽缸杆进和出,观察 PLC 上对应输入端指示灯亮和灭的变化情况。

2.无接点磁性开关与三菱 PLC 的连接与调试

三线式无接点磁性开关与三菱 PLC 的连接如图 8-50 所示,棕色线和蓝色线分别接 +24 V 和 COM,黑色线接入至 PLC 输入点 X。

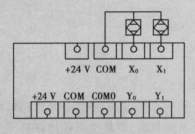

图 8-49　磁簧管型磁性开关
与三菱 PLC 连接图

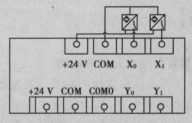

图 8-50　无接点磁性开关
与三菱 PLC 连接图

同样,按照图 8-50 连接好电路,检查无误后,通电调试。用手拉动汽缸杆进和出,观察 PLC 上对应输入端指示灯亮和灭的变化情况。

### 想一想

汽缸上应用的磁性开关有哪两类?

## 【任务评价】

| 评价内容 | 分 值 | 得 分 |
| --- | --- | --- |
| 检测磁簧管型磁性开关 | 20分 | |
| 连接磁簧管型磁性开关与三菱 PLC 的电路 | 20分 | |
| 磁簧管型磁性开关与三菱 PLC 的通电调试 | 20分 | |
| 无接点磁性开关与三菱 PLC 的电路连接 | 20分 | |
| 无接点磁性开关与三菱 PLC 的通电调试 | 20分 | |
| 总 分 | | |
| 评 价 | | |

## 【知识拓展】

### 干簧传感器与霍尔效应传感器的比较

由于多年的推广应用,霍尔效应传感器技术发展很快。在固体形态下它被认为是一种更可靠的解决方案,尤其是对电子设备。但是如果将干簧传感器与霍尔效应传感器相比较,干簧传感器还是具备了更显著的优点。

首先让我们了解一下干簧传感器技术,它的主要部件是干簧开关,由 Western Electric 在 20 世纪 40 年代发明。另一个主要部件是磁铁或电磁体,用来控制开关的打开或闭合。60 多年以来,干簧传感器在可靠性、质量及成本控制上都在不断改善,使其在很多可靠性要求高,注重质量和安全的关键性设计领域得到应用。

干簧技术在自动测试仪器(ATE)领域中的地位是举足轻重的。干簧开关被用于干簧继电器、集成电路、特定用途集成电路、芯片测试、电路板功能测试。在这些应用中,可能有多达 2 万个的干簧开关被用于同一个系统中。此时如果有一个继电器发生故障就能构成 $5.0 \times 10^7$ 的故障率。因此干簧继电器一旦通过了最初的测试就必须保证在以后的使用中一直保持一样的品质。在这一点上干簧传感器已经被证实优于其他任何传感器装置。为了物有所值,自动测试设备常常是每周七天,每天 24 小时不间断地工作,因此一个干簧继电器的使用寿命可能被要求达到几十亿次。

如今干簧传感器也被用在许多汽车安全设备(刹车液位检测安全气囊传感器中等)和医学设备(去纤颤器、烧灼设备、起搏器以及需防止小量电流泄露的电子仪器)中。

比较干簧传感器和霍尔效应传感器,可以发现干簧传感器有以下一些优点:

(1)霍尔效应装置本身的成本并不高,但是它需要电力和线路来操作,而且由于信号输出低,经常需要用到信号放大器,这样一来它的成本比干簧传感器要高出许多。

(2)干簧传感器从输入到输出有比较好的绝缘效果,通过传感器的电流高达1 015 A 时,漏电水平仅为千亿分之一安。而霍尔效应设备的漏电流只小于微安等级。对于一些会用在人体上的电子医疗设备如探针或起搏器来说,在心脏附近不能漏电是很重要的,因为任何微量的电流都可能改变心脏的活动。

(3)由于干簧管传感器的全密封性,它几乎可以在任何环境下操作。

(4)干簧传感器的阻值很低,通常是50 mΩ,而霍尔效应传感器通常是数百欧。

(5)干簧传感器可以在不同范围内直接转换,包括 nV 到 kA, fA 到 A, DC 到 6 GHz。而霍尔效应设备所具备的输出范围是比较有限的。

(6)干簧传感器有比较大的磁感应范围。

(7)干簧传感器对静电并不是很敏感,静电有时会对霍尔效应设备造成严重的破坏。

(8)干簧传感器能承受较高电压(微型尺寸额定高达 1 000 V)。而霍尔效应设备需要设置外置电路来达到 100 V 的额定值。

(9)干簧开关能够转换多样化负荷,而霍尔效应传感器只能转换较低的电压和电流。

(10)干簧传感器不存在损耗件,在低负荷等级(5 V,10 mA 及以下)的情况下可操作数十亿次。

(11)干簧传感器不受环境温度影响,可以在 −65 ~ 150 ℃ 间操作而无须任何附加条件,但霍尔效应传感器只能在有限的操作温度范围内工作。

## 【练一练】

1.电感式接近开关属于一种有_____量输出的位置传感器。

2.一般来说电感式接近开关只能用于检测_____物体。

3.电感接近开关的工作过程,当被测物体进入接近开关的额定动作距离范围内之后,接近开关动作,常开触点_____,常闭触点_____。

4.额定动作距离是指接近开关动作距离的_____。

5.接近开关传感器按供电形式的不同分为_____型和_____型两大类,按使用的方法不同分为_____式和_____式两大类。

6.当_____物体移近霍尔开关时,开关检测面上的霍尔元件因产生霍尔效应而使开关内部电路状态发生变化,由此识别附近有_____物体存在,进而控制开关的通或断。

7.霍尔开关属于_____磁电转换器件,它可方便地把_____信号转换成实际应用中的电信号。

8.光电开关是传感器大家族中的成员,它把_____端和_____端之间光的强弱变化转化为电流的变化以达到探测的目的。

9.光电开关根据使用原理的不同,可分为_____式、_____式、_____式、光纤式和槽式等类型。

10.光纤型传感器为配合现场安装及检测物体的需求有多种安装头可选,为满足输出特性需求有_____、_____、_____和_____四种放大器本体可选。

11.PNP 传感器是指当有信号触发时,_____线和_____线连接,相当于输出高电平的电源线。

12. 电容式接近开关的_____通常是构成电容器的一个极板,而另一个极板是_____。

13. 电容式接近开关的检测物体,并不限于金属导体,也可以是绝缘的_____、_____或_____等。

14. 电容式接近开关是一个以电极为检测端的静电电容式接近开关,它由_____电路、_____电路、_____电路、整形电路及输出等部分组成。

15. 干簧管是干式舌簧管的简称,干簧管又叫_____,原理是利用_____信号来控制的一种开关元件,无磁时断开,可以用来检测电路或机械运动的状态。

16. 磁性开关也常用来检测汽缸活塞位置,它被安装在带_____的汽缸上,当活塞产生的_____被开关检测到,电路关闭发出信号来控制机器的位置。

17. 汽缸上应用的磁性开关可分为有接点型和无接点型两种,有接点的是_____型,无接点的是_____型。

项目9　气体成分参数的检测

气体与人类日常生活密切相关，对气体的检测是保护和改善生态居住环境不可缺少的手段，气敏传感器在其中发挥着极其重要的作用。

气敏传感器主要用于防灾报警，如可制成液化石油气、天然气、城市煤气、煤矿瓦斯以及有毒气体等方面的报警器；也可用于对大气污染进行监测，以及在医疗上用于对$O_2$、$CO_2$等气体的测量；生活中则可用于空调机、烹调装置、酒精浓度探测等方面。

本项目主要介绍常用气体检测元件，通过制作气体报警器，了解气体传感器在生产生活中的应用。

## 【知识目标】

● 理解气敏传感器的工作原理；

● 了解气敏传感器材料的形态及分类；

● 掌握气敏器件的主要参数及其特性。

## 【能力目标】

● 会正确识别气敏传感器；

● 掌握气敏传感器的测量方法；

● 学会气敏传感器的正确使用，会分析其应用电路。

# 任务 1　认识气敏传感器

## 【任务分析】

本任务是了解气敏传感器的特性,理解气敏传感器的工作原理,认识气敏传感器的主要参数,掌握气敏传感器的特点和用途。

## 【知识准备】

### 一、气敏传感器的原理及分类

1. 气敏传感器的原理及应用领域

气敏传感器是一种将检测到的气体类别、成分和浓度转换为电信号的传感器,用于对气体的定性或定量检测。气敏材料与气体接触后会发生化学或物理作用,导致其某些特性参数的改变,如质量、电参数、光学参数等。气敏传感器利用这些材料作为气敏元件,把被测气体种类或浓度的变化转化成传感器输出信号的变化,从而实现气体检测的目的。气敏传感器的工作原理如图 9-1 所示。

图 9-1　气敏传感器的工作原理

2. 气敏传感器的应用

气敏传感器常用于化工生产中气体成分的检测与控制,煤矿瓦斯浓度的检测与报警,环境污染情况的监测,煤气泄漏,火灾报警,燃烧情况的检测与控制等。

主要用途如下:

(1)检测周围环境中是否存在易燃易爆的气体,如氢气、一氧化碳、液化石油气、天然气等。

(2)是否存在有毒气体,如一氧化碳、氟利昂。

3. 气敏传感器分类

(1)半导体气敏传感器

半导体气敏传感器具有灵敏度高、响应快、稳定性好、使用简单的特点,应用极其广泛。

(2)电化学气敏传感器

利用液体(或固体、有机凝胶等)电解质,其输出形式可以是气体直接氧化或还原产生的电流,也可以是离子作用于离子电极产生的电动势。

（3）接触燃烧式气体传感器

一般为铂金属丝（也可表面涂铂、钯等稀有金属催化层），使用时对铂丝通以电流,保持 $300 \sim 400$ ℃的高温。

**二、半导体气体传感器**

半导体气体传感器是利用半导体气敏元件同气体接触,造成半导体性质变化,来检测气体的成分或浓度的气体传感器。

半导体气体传感器大体可分为电阻式和非电阻式两大类。电阻式是用氧化锡、氧化锌等金属氧化物材料制作。非电阻式是一种半导体器件。

1. 半导体气敏传感器的分类比较

如表9-1所示。

表 9-1　半导体气敏传感器的分类比较

| 分类 | 主要物理特性 | 类　型 | 气敏传感器 | 检测气体 |
|---|---|---|---|---|
| 电阻型 | 电阻 | 表面控制型 | $SnO_2$、$ZnO$ 等的烧结体、薄膜、厚膜 | 可燃性气体 |
| | | 体控制型 | La1-xSrCoO$_3$、T-Fe$_2$O$_3$、氧化钛（烧结体）、氧化镁、$SnO_2$ | 酒精、可燃性气体、氧气 |
| 非电阻型 | 二极管整流特性 | 表面控制型 | 铂-硫化镉、铂-氧化钛（金属-半导体结型场效应管） | 氢气、一氧化碳、酒精 |
| | 晶体管特性 | | 铂栅、钯栅 MOS 场效应管 | 氢气、硫化氢 |

（1）表面电阻控制型气体传感器

平常器件工作在空气中,空气中的 $O_2$ 和 $NO_2$,接受来自 N 型半导体材料敏感膜的电子吸附,表现为 N 型半导体材料敏感膜的表面传导电子数减少,表面电导率减小,器件处于高阻状态。

一旦器件与被测气体接触,就会与吸附的氧起反应,将被氧束缚的电子释放出来,使敏感膜表面电导率增大,器件电阻减少。

目前常用的材料为氧化锡和氧化锌等较难还原的氧化物,也有用有机半导体材料的。

在这类传感器中一般均参有少量贵金属（如 Pt 等）作为激活剂。这类器件目前已商品化的有 $SnO_2$、$ZnO$ 等气体传感器。

（2）体电阻控制型气体传感器

体控制型电阻式气体传感器是利用体电阻的变化来检测气体的半导体器件。

检测对象主要有:液化石油气,主要是丙烷;煤气,主要是 CO、$H_2$;天然气,主要是甲烷。例如利用 $SnO_2$ 气敏器件可设计酒精探测器,当酒精气体被检测到时,气敏器件电阻值降低,测量回路有信号输出,使电表显示数值或指示灯发亮。气敏器件工作时要提供加热电源。

（3）非电阻型气体传感器

二极管气体传感器是利用一些气体被金属与半导体的界面吸收,对半导体禁带宽度或金属的功函数的影响,使二极管整流特性发生性质变化而制成。

场效应管 FET 型气体传感器是根据栅压域值的变化来检测未知气体。

电容型气体传感器是根据 $CaO—BaTiO_3$ 等复合氧化物随 $CO_2$ 浓度变化,其静电容量有很大变化而制成。

2. 半导体气敏元件的特性参数

（1）气敏元件电阻值

电阻型气敏元件在常温下洁净空气中的电阻值,称为气敏元件（电阻型）的固有电阻值,表示为 $R_a$。一般其固有电阻值为 $103 \sim 105 \ \Omega$。

各地区空气中含有的气体成分差别较大,即使对于同一气敏元件,在温度相同的条件下,在不同地区进行测定,其固有电阻值也都将出现差别。因此,必须在洁净的空气环境中进行 $R_a$ 值的测量。

（2）气敏元件灵敏度

气敏元件灵敏度是气敏元件对于被测气体敏感程度的指标。它表示气体敏感元件的电参量（如电阻型气敏元件的电阻值）与被测气体浓度之间的依从关系,表示方法有 3 种:

①电阻比灵敏度 $K$

$$K = \frac{R_a}{R_g}$$

式中　$R_a$——气敏元件在洁净空气中的电阻值;

　　　$R_g$——气敏元件在规定浓度的被测气体中的电阻值。

②气体分离度 $\alpha$

$$\alpha = \frac{R_{C_1}}{R_{C_2}}$$

式中　$R_{C_1}$——气敏元件在浓度为 $C_1$ 的被测气体中的阻值;

　　　$R_{C_2}$——气敏元件在浓度为 $C_2$ 的被测气体中的阻值,通常,$C_1 > C_2$。

③输出电压比灵敏度 $K_U$

$$K_U = \frac{U_a}{U_g}$$

式中　$U_a$——气敏元件在洁净空气中工作时,负载电阻上的电压输出;

　　　$U_g$——气敏元件在规定浓度被测气体中工作时,负载电阻上的电压输出。

（3）气敏元件分辨率

这是表示气敏元件对被测气体的识别（选择）以及对干扰气体的抑制能力。气敏元件分辨率 $S$ 表示为

$$S = \frac{\Delta U_g}{\Delta U_{g_i}} = \frac{U_g - U_a}{U_{g_i} - U_a}$$

式中 $U_a$——气敏元件在洁净空气中工作时,负载电阻上的输出电压;

    $U_g$——气敏元件在规定浓度被测气体中工作时,负载电阻上的电压;

    $U_{g_i}$——气敏元件在 $i$ 种气体浓度为规定值中工作时,负载电阻的电压。

(4)气敏元件响应时间

这是表示在工作温度下,气敏元件对被测气体的响应速度。一般从气敏元件与一定浓度的被测气体接触时开始计时,直到气敏元件的阻值达到在此浓度下稳定电阻值的63%时为止。气敏元件的响应时间,通常用符号 $t_r$ 表示。

(5)气敏元件的加热电阻和加热功率

气敏元件一般工作在200 ℃以上高温下。为气敏元件提供必要工作温度的加热电路的电阻(加热器的电阻值)称为加热电阻,用 $R_H$ 表示。直热式的加热电阻值一般小于5 Ω;旁热式的加热电阻大于20 Ω。气敏元件正常工作所需的加热电路功率,称为加热功率,用 $P_H$ 表示,一般为0.5~2.0 W。

(6)气敏元件的恢复时间

这是表示在工作温度下,被测气体从该元件上解吸的速度,一般从气敏元件脱离被测气体时开始计时,直到其阻值恢复到在洁净空气中阻值的63%时所需的时间。

(7)初期稳定时间

一般电阻型气敏元件,在刚通电的瞬间,其电阻值将下降,然后再上升,最后达到稳定。由开始通电直到气敏元件阻值到达稳定所需时间,称为初期稳定时间。初期稳定时间是敏感元件存放时间和环境状态的函数。存放时间越长,其初期稳定时间也越长。在一般条件下,气敏元件存放两周以后,其初期稳定时间即可达最大值。

### 三、$SnO_2$ 气敏元件介绍

1. $SnO_2$ 半导体气敏元件特点

(1)$SnO_2$ 气敏元件阻值随气体浓度变化关系为指数变化关系。因此,非常适用于微量低浓度气体的检测。

(2)与其他类型气敏元件(如接触燃烧式气敏元件)相比,$SnO_2$ 气敏元件寿命长、稳定性好、耐腐蚀性强。

(3)$SnO_2$ 气敏元件对气体检测是可逆的,而且吸附、脱附时间短,可连续长时间使用。

(4)元件结构简单,成本低,可靠性较高,机械性能良好。

(5)对气体检测不需要复杂的处理设备。可将待检测气体浓度直接转变为电信号,信号处理电路简单。

2. 烧结型 $SnO_2$ 气敏元件

$SnO_2$ 系列气敏元件有烧结型、薄膜型和厚膜型3种,烧结型应用最广泛。

烧结型 $SnO_2$ 气敏元件是以多孔陶瓷 $SnO_2$ 为基材(料粒度在1 μm以下),添加不同物质,采用传统制陶方法进行烧结。烧结时埋入测量电极和加热线,制成管芯,最后将电极和加热丝引线焊在管座上,外加二层不锈钢网而制成元件。烧结型 $SnO_2$ 气敏元件主要用于检测还原性气体、可燃性气体和液体蒸汽。工作时需加热到300 ℃左右。

根据加热方式,分为直接加热式和旁热式两种。

(1)直接加热式 $SnO_2$ 气敏元件(直热或内热式气敏元件)

直热式又称为内热式,这种元件的结构和图形符号如图 9-2 所示。元件管芯由 $SnO_2$ 基体材料、加热丝、测量丝组成,它们都埋在 $SnO_2$ 基材内。工作时加热丝通电加热,测量丝用于测量元件的阻值。

①优点:制作工艺简单、成本低、功耗小,可以在高电压下使用,可制成价格低廉的可燃气体泄漏报警器。

②缺点:热容量小,易受环境气流的影响;测量回路与加热回路间没有隔离,互相影响;加热丝在加热和不加热状态下会产生涨缩,易造成接触不良。

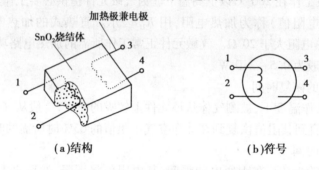

(a)结构　　　　　　　　　　(b)符号

图9-2　内热式气敏器件结构及符号

(2)旁热式 $SnO_2$ 气敏器件

旁热式气敏器件的结构和图形符号如图 9-3 所示。其管芯增加了一个陶瓷管,在管内放进高阻加热丝,管外涂梳状金电极作测量极,在金电极外涂 $SnO_2$ 材料。它克服内热式器件的缺点,使器件稳定性明显提高。加热器阻值为 $30 \sim 40~\Omega$。

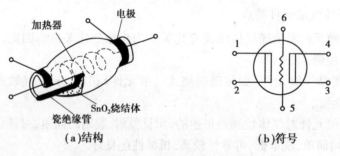

(a)结构　　　　　　　　　　(b)符号

图9-3　旁热式气敏器件结构及符号

## 【任务实施】

### 一、认识常见的气敏传感器

观察实验室里的气敏传感器,查阅传感器使用手册,进一步了解气敏传感器的基本特点。常见的气敏传感器的外形如图 9-4 所示。

图9-4 常见气敏传感器外形图

**二、观察两只 MQ-5 型气敏传感器,把主要参数记录在下表中。**

| 气敏传感器 | 回路电压 | 加热电压 | 加热功耗 | 敏感体电阻 | 浓度斜率 |
|---|---|---|---|---|---|
| 气敏传感器1 | | | | | |
| 气敏传感器2 | | | | | |

**想一想**

气敏传感器的主要用途有哪些?

## 【任务评价】

| 评价内容 | 分 值 | 得 分 |
|---|---|---|
| 认识气敏传感器的原理 | 30分 | |
| 认识半导体气敏传感器 | 30分 | |
| 认识气敏传感器各参数的含义 | 40分 | |
| 总 分 | | |
| 评 价 | | |

## 【知识拓展】

### 接触燃烧式气体传感器

#### 一、接触燃烧式气体传感器检测原理

可燃性气体($H_2$、CO、$CH_4$ 等)与空气中的氧接触,发生氧化反应,产生反应热(无焰接触燃烧热),使得作为敏感材料的铂丝温度升高,电阻值相应增大。一般情况下,空气中可燃性气体的浓度都不太高(低于10%),可燃性气体可以完全燃烧,其发热量与可燃性气体的浓度有关。空气中可燃性气体浓度越大,氧化反应(燃烧)产生的反应热量(燃烧热)越多,铂丝的温度变化(增高)越大,其电阻值增加得就越多。因此,只要测得作为敏感件的铂丝的电阻变化值($\Delta R$),就可检测空气中可燃性气体的浓度。但是,使用单纯的铂丝线圈作为检测元件,其寿命较短,所以实际应用的检测元件,都是在铂丝圈外面涂覆一层氧化物触媒。这样既可以延长其使用寿命,又可以提高检测元件的响应特性。

接触燃烧式气体敏感元件的桥式电路如图9-5所示。

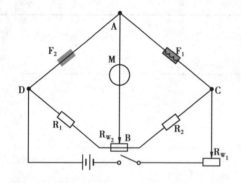

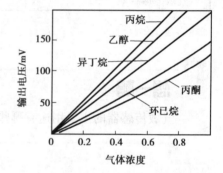

图9-5  接触燃烧式气体敏感元件的桥式电路　　图9-6  接触燃烧式气敏元件的感应特性

图9-5中,A、B两点间的电位差与可燃性气体的浓度 $m$ 成比例。如果在A、B两点间连接电流计或电压计,就可以测得A、B间的电位差E,并由此求得空气中可燃性气体的浓度。若与相应的电路配合,就能在空气中可燃性气体达到一定浓度时,自动发出报警信号,其感应特性曲线如图9-6所示。

#### 二、接触燃烧式气敏元件的结构

用高纯的铂丝,绕制成线圈,在线圈外面涂以氧化铝或氧化铝和氧化硅组成的膏状涂覆层,干燥后在一定温度下烧结成球状多孔体。将烧结后的小球,放在金属铂、钯等的盐溶液中充分浸渍后取出烘干。然后经过高温热处理,使在氧化铝或者氧化铝—氧化硅载体上形成金属触媒层,最后组装成气体敏感元件。也可将金属触媒粉体与氧化铝、氧化硅等载体充分混合后配成膏状,涂覆在铂丝绕成的线圈上,直接烧成后备用。

另外,作为补偿元件的铂线圈,其尺寸、阻值均与检测元件相同,并且也应涂覆载体层,只是无须浸渍金属盐溶液或混入金属触媒粉体,形成触媒层。接触燃烧式气敏元件的结构及外形如图9-7所示。

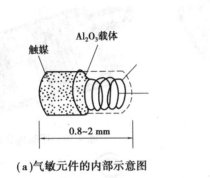
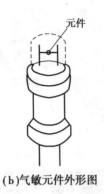

(a)气敏元件的内部示意图 (b)气敏元件外形图

**图9-7 接触燃烧式气敏元件结构及外形**

# 任务2 气敏传感器应用训练

## 【任务分析】

本任务是认识气敏传感器的测量电路,掌握气敏传感器的选用方法和要点,学会气敏传感器应用电路的设计制作。

## 【知识准备】

### 一、气体传感器的应用实例

1.酒气浓度传感器

交通检测中常用酒气浓度传感器来检查喝酒的情况,酒气浓度传感测试仪如图9-8所示。

2.可燃性气体泄露报警器

为防止常用气体燃料如煤气($H_2$、CO 等)、天然气($CH_4$ 等)、液化石油气($C_3H_8$、$C_4H_{10}$ 等)等泄漏引起中毒、燃烧或爆炸,可以应用可燃性气体传感器配上适当电路制成报警器。图 9-9 所示为一氧化碳传感器,图9-10所示为甲烷传感器。

**图9-8 酒气浓度传感器**

3.在汽车中应用的气体传感器

控制燃空比,需用氧传感器;控制污染,检测排放气体,需用 CO、NOX、HCl、$O_2$ 等传感器;内部空调,需用 CO、烟、湿度等传感器。汽车尾气测量的应用如图9-11 所示。

图 9-9　一氧化碳传感器

图 9-10　甲烷传感器

图 9-11　汽车尾气的测量

图 9-12　氧气浓度测量传感器

4. 在工业中应用的气体传感器

在 Fe 和 Cu 等矿物冶炼过程中常使用氧传感器；在半导体工业中需用多种气体传感器；在食品工业中也常用氧传感器。氧气浓度测量传感器如图 9-12 所示。

5. 在家电中应用的气体传感器

在家电中除用于可燃气泄漏报警及换气扇、抽油烟机的自动控制外，也用于微波炉和燃气炉等家用电器中，以实现烹调的自动控制。抽油烟机自动启动如图 9-13 所示。

图 9-13　抽油烟机自动启动

6. 检测大气污染方面用的气体传感器

对于污染环境需要检测的气体有 $SO_2$、$H_2S$、$CO$、$CO_2$ 等，因为需要定量测量，宜选用电化学气体传感器。图 9-14 为有毒气体传感器，图 9-15 为家庭用液化气报警器。

图 9-14　有毒气体传感器

图 9-15　家庭用液化气报警器

**7. 在其他方面的应用**

除上述以外，气体传感器还被广泛用于医疗诊断、矿井安全等方面，目前各类传感器已有实用商品。

**二、气体传感器的电路**

**1. 电源电路**

一般气敏元件的工作电压不高(3～10 V)，其工作电压，特别是供给加热的电压，必须稳定，否则，将导致加热器的温度变化幅度过大，使气敏元件的工作点漂移，影响检测准确性。

**2. 辅助电路**

由于气敏元件自身的特性(温度系数、湿度系数、初期稳定性等)，在设计、制作应用电路时，应予以考虑。如采用温度补偿电路，减少气敏元件的温度系数引起的误差；设置延时电路，防止通电初期，因气敏元件阻值大幅度变化造成误报；使用加热器失效通知电路，防止加热器失效导致漏报现象。图9-16是一温度补偿电路。当环境温度降低时，负温度热敏电阻($R_5$)的阻值增大，使相应的输出电压得到补偿。

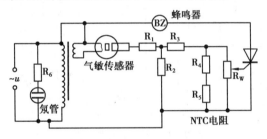

**图9-16　气体传感器的温度补偿电路**

图9-17为正温度系数热敏电阻($R_2$)的延时电路。刚通电时，其电阻值也小，电流大部分经热敏电阻回到变压器，蜂鸣器(BZ)不发出报警。当通电1～2 min后，阻值急剧增大，通过蜂鸣器的电流增大，电路进入正常的工作状态。

**3. 检测工作电路**

检测工作电路是气敏元件应用电路的主体部分。

图9-18是设有串联蜂鸣器的应用电路。随着环境中可燃性气体浓度的增加，气敏元件的阻值下降到一定值后，流入蜂鸣器的电流足以推动其工作而发出报警信号。

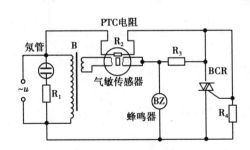

**图9-17　正温度系数热敏电阻的延时电路**

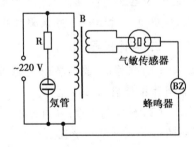

**图9-18　串联蜂鸣器的应用电路**

### 三、自动空气净化换气扇电路分析

利用 $SnO_2$ 气敏器件,可以设计用于空气净化的自动换气扇。

图 9-19 是电路原理图。当室内空气污浊,烟雾或其他污染气体使气敏器件阻值下降,晶体管 V 导通,继电器动作接通风扇电源,排放污浊气体,换进新鲜空气。

当室内污浊气体浓度下降到希望的数值时,气敏器件阻值上升,V 截止,继电器断开,风扇电源切断,风扇停止工作。

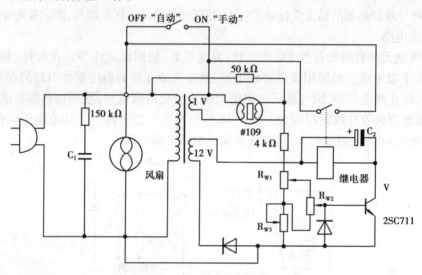

图 9-19 自动换气扇电路图

## 【任务实施】

### 制作天然气报警器

#### 一、天然气报警器电路原理

如图 9-20 所示气敏传感器 TGS109 在空气中的电阻较大、电流较小、蜂鸣器不发声;当室内天然气浓度约为 1% 时,它的电阻较低,流经电路的电流较大(此时电流方向如图 9-20 中箭头所示),可直接驱动蜂鸣器报警。

#### 二、制作指导

(1)制作前,要准备好电源、蜂鸣器、电阻等制作报警器的必备元件。

(2)制作完毕后,可自行检测电路是否能实现预期功能。如用打火机气体或蚊香的烟等来测试报警器。

图 9-20 天然气报警器电路图

**想一想**

气体传感器的应用有哪些?

## 【任务评价】

| 评价内容 | 分 值 | 得 分 |
|---|---|---|
| 认识气体传感器电路 | 30分 | |
| 连接天然气报警电路 | 40分 | |
| 成功调试天然气报警器 | 30分 | |
| 总 分 | | |
| 评 价 | | |

## 【知识拓展】

### 二氧化钛氧浓度传感器

半导体材料二氧化钛($TiO_2$)属于N型半导体,对氧气十分敏感。其电阻值的大小取决于周围环境的氧气浓度。当周围氧气浓度较大时,氧原子进入二氧化钛晶格,改变了半导体的电阻率,使其电阻值增大。

图9-21是用于汽车或燃烧炉排放气体中的氧浓度传感器结构图及测量转换电路。

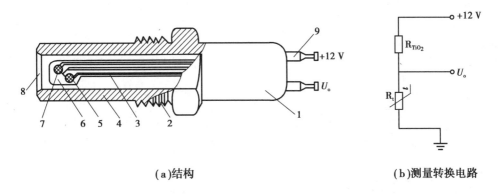

(a)结构　　　　　　　　　　(b)测量转换电路

图9-21 $TiO_2$ 氧浓度传感器结构及测量转换电路

1—外壳(接地);2—安装螺栓;3—搭铁线;4—保护管;5—补偿电阻;
6—陶瓷片;7—$TiO_2$氧敏电阻;8—进气口;9—引脚

二氧化钛气敏电阻与补偿热敏电阻同处于陶瓷绝缘体的末端。当氧气含量减小时，$R_{TiO_2}$ 的阻值减小，$U_o$ 增大。

在图 9-21（b）中，与 $TiO_2$ 气敏电阻串联的热敏电阻 $R_t$ 起温度补偿作用。当环境温度升高时，$TiO_2$ 气敏电阻的阻值会逐渐减小，只要 $R_t$ 也以同样的比例减小，根据分压比定律，$U_o$ 不受温度影响，减小了测量误差。

## 【练一练】

1. 气敏传感器是一种将检测到的 _____、_____ 和 _____ 转换为电信号的传感器。

2. 半导体气敏传感器具有 _____、_____、_____、_____ 的特点，应用极其广泛。

3. 半导体气体传感器大体可分为 _____ 和 _____ 两大类。

4. 将电阻型气敏元件在常温下洁净空气中的电阻值，称为气敏元件（电阻型）的 _____ 电阻值，表示为 _____，一般其固有电阻值为 _____ Ω 至 _____ Ω 范围内。

5. 气敏元件一般工作在 _____ ℃ 以上的高温。直热式的加热电阻值一般小于 _____ Ω；旁热式的加热电阻大于 _____ Ω。

6. 气敏元件正常工作的加热功率，用 $P_H$ 表示，一般为 _____ W。

7. $SnO_2$ 系列气敏元件有 _____ 型、_____ 型和 _____ 型 3 种。

8. $SnO_2$ 直热式气敏元件的优点是制作工艺 _____、成本 _____、功耗 _____、可以在电压下使用、可制成价格低廉的可燃气体泄漏报警器。

9. 旁热式 $SnO_2$ 气敏元件在其管芯增加了一个陶瓷管，在管内放进高阻加热丝，加热器阻值为 _____ Ω 至为 _____ Ω。

10. 一般气敏元件的工作电压在 _____ V，供给加热的电压，必须 _____；否则，将导致加热器的温度变化幅度过大，影响检测的准确性。

# 附　录

# 附录 A　工业热电阻分度表

表 A-1　铂热电阻 Pt100 分度表

| $R_t/\Omega$　$t/℃$ | 0 | 10 | 20 | 30 | 40 | 50 | 60 | 70 | 80 | 90 |
|---|---|---|---|---|---|---|---|---|---|---|
| 0 | 100.00 | 103.90 | 107.79 | 111.67 | 115.54 | 119.4 | 123.24 | 127.08 | 130.9 | 134.71 |
| 100 | 138.51 | 142.29 | 146.07 | 149.83 | 153.58 | 157.33 | 161.05 | 164.77 | 168.48 | 172.17 |
| 200 | 175.86 | 179.53 | 183.19 | 186.84 | 190.47 | 194.1 | 197.71 | 201.31 | 204.9 | 204.48 |
| 300 | 212.05 | 215.61 | 219.15 | 222.68 | 226.21 | 229.72 | 233.21 | 236.7 | 240.18 | 243.64 |
| 400 | 247.09 | 250.53 | 253.96 | 247.38 | 260.78 | 264.18 | 267.56 | 270.93 | 274.29 | 277.64 |
| 500 | 280.98 | 284.3 | 287.62 | 290.92 | 294.21 | 297.49 | 300.75 | 304.01 | 307.25 | 310.49 |
| 600 | 313.71 | 316.92 | 320.12 | 323.3 | 326.48 | 329.64 | 332.79 | 335.93 | 339.06 | 342.18 |
| 700 | 345.28 | 348.38 | 351.46 | 354.53 | 357.59 | 360.64 | 363.67 | 366.7 | 369.71 | 372.71 |
| 800 | 375.70 | 378.68 | 381.65 | 384.6 | 387.55 | 390.48 | | | | |

表 A-2　铂热电阻 Pt10 分度表

| $R_t/\Omega$　$t/℃$ | 0 | 10 | 20 | 30 | 40 | 50 | 60 | 70 | 80 | 90 |
|---|---|---|---|---|---|---|---|---|---|---|
| 0 | 10.000 | 10.390 | 10.779 | 11.167 | 11.554 | 11.940 | 12.324 | 12.708 | 13.090 | 13.471 |
| 100 | 13.851 | 14.229 | 14.607 | 14.983 | 15.358 | 15.733 | 16.105 | 16.477 | 16.848 | 17.217 |
| 200 | 17.586 | 17.953 | 18.319 | 18.684 | 19.047 | 19.410 | 19.771 | 20.131 | 20.490 | 20.448 |
| 300 | 21.205 | 21.561 | 21.915 | 22.268 | 22.621 | 22.972 | 23.321 | 23.670 | 24.018 | 24.364 |
| 400 | 24.709 | 25.053 | 25.396 | 25.738 | 26.078 | 26.418 | 26.756 | 27.093 | 27.429 | 27.764 |
| 500 | 28.098 | 28.430 | 28.762 | 29.092 | 29.421 | 29.749 | 30.075 | 30.401 | 30.725 | 31.049 |
| 600 | 31.371 | 31.692 | 32.012 | 32.33 | 32.648 | 32.964 | 33.279 | 33.593 | 33.906 | 34.218 |
| 700 | 34.528 | 34.838 | 35.146 | 35.453 | 35.759 | 36.064 | 36.367 | 36.670 | 36.971 | 37.271 |
| 800 | 37.570 | 37.868 | 38.165 | 38.460 | 38.755 | 39.048 | | | | |

表 A-3　铜热电阻 Cu50 分度表

| $R_t/\Omega$ ＼ $t/℃$ | 0 | 10 | 20 | 30 | 40 | 50 | 60 | 70 | 80 | 90 |
|---|---|---|---|---|---|---|---|---|---|---|
| 0 | 50.000 | 52.144 | 54.285 | 56.426 | 58.565 | 60.704 | 62.842 | 64.981 | 67.120 | 69.259 |
| 100 | 71.400 | 73.542 | 75.686 | 77.833 | 79.982 | 82.134 | | | | |

表 A-4　铜热电阻 Cu100 分度表

| $R_t/\Omega$ ＼ $t/℃$ | 0 | 10 | 20 | 30 | 40 | 50 | 60 | 70 | 80 | 90 |
|---|---|---|---|---|---|---|---|---|---|---|
| 0 | 100.00 | 104.29 | 108.57 | 112.85 | 117.13 | 121.41 | 125.68 | 129.96 | 134.24 | 138.52 |
| 100 | 142.80 | 147.08 | 151.37 | 155.67 | 159.96 | 164.27 | | | | |

# 附录 B　热电偶分度表

表 B-1　铂铑 30－铂铑 6 热电偶分度表（分度号：B）　　参考端温度：0 ℃

| 工作端温度/℃ | 0 | 10 | 20 | 30 | 40 | 50 | 60 | 70 | 80 | 90 |
|---|---|---|---|---|---|---|---|---|---|---|
| | 热电动势/μV | | | | | | | | | |
| 0 | 0 | −2 | −3 | −2 | 0 | 2 | 6 | 11 | 17 | 25 |
| 100 | 33 | 43 | 53 | 65 | 78 | 92 | 107 | 123 | 140 | 159 |
| 200 | 178 | 199 | 220 | 243 | 266 | 291 | 317 | 344 | 372 | 401 |
| 300 | 431 | 462 | 494 | 529 | 561 | 596 | 632 | 669 | 707 | 746 |
| 400 | 786 | 827 | 870 | 913 | 957 | 1 002 | 1 048 | 1 095 | 1 143 | 1 192 |
| 500 | 1 241 | 1 292 | 1 344 | 1 397 | 1 450 | 1 505 | 1 560 | 1 617 | 1 674 | 1 732 |
| 600 | 1 791 | 1 851 | 1 912 | 1 974 | 2 036 | 2 100 | 2 164 | 2 230 | 2 296 | 2 363 |
| 700 | 2 430 | 2 499 | 2 569 | 2 639 | 2 710 | 2 782 | 2 855 | 2 928 | 3 003 | 3 078 |
| 800 | 3 154 | 3 231 | 3 308 | 3 387 | 3 466 | 3 546 | 3 626 | 3 708 | 3 790 | 3 873 |
| 900 | 3 957 | 4 041 | 4 126 | 4 212 | 4 298 | 4 386 | 4 474 | 4 562 | 4 652 | 4 742 |
| 1 000 | 4 833 | 4 924 | 5 016 | 5 109 | 5 202 | 5 297 | 5 391 | 5 487 | 5 583 | 5 680 |

续表

| 工作端温度/℃ | 0 | 10 | 20 | 30 | 40 | 50 | 60 | 70 | 80 | 90 |
|---|---|---|---|---|---|---|---|---|---|---|
| | 热电动势/μV | | | | | | | | | |
| 1 100 | 5 777 | 5 875 | 5 973 | 6 073 | 6 172 | 6273 | 6 374 | 6 475 | 6 577 | 6 680 |
| 1 200 | 6 783 | 6 887 | 6 991 | 7 096 | 7 202 | 7308 | 7 414 | 7 521 | 7 628 | 7 736 |
| 1 300 | 7 845 | 7 953 | 8 063 | 8 172 | 8 283 | 8393 | 8 504 | 8 616 | 8 727 | 8 839 |
| 1 400 | 8 952 | 9 065 | 9 178 | 9 291 | 9 405 | 9519 | 9 634 | 9 748 | 9 863 | 9 979 |
| 1 500 | 10 094 | 10 210 | 10 325 | 10 441 | 10 558 | 10 674 | 10 790 | 10 907 | 11 024 | 11 141 |
| 1 600 | 11 257 | 11 374 | 11 491 | 11 608 | 11 725 | 11 842 | 11 959 | 12 076 | 12 193 | 12 310 |
| 1 700 | 12 436 | 12 543 | 12 659 | 12 776 | 12 892 | 13 008 | 13 124 | 13 239 | 13 354 | 13 470 |
| 1 800 | 13 585 | 13 699 | 13 814 | | | | | | | |

表 B-2　铂铑 13-铂热电偶分度表（分度号：R ）　　　　　参考端温度：0 ℃

| 工作端温度/℃ | 0 | 10 | 20 | 30 | 40 | 50 | 60 | 70 | 80 | 90 |
|---|---|---|---|---|---|---|---|---|---|---|
| | 热电动势/μV | | | | | | | | | |
| 0 | 0 | 54 | 111 | 171 | 232 | 296 | 363 | 431 | 501 | 573 |
| 100 | 647 | 723 | 800 | 879 | 959 | 1 041 | 1 124 | 1 208 | 1 294 | 1 381 |
| 200 | 1 469 | 1 558 | 1 648 | 1 739 | 1 831 | 1 923 | 2 017 | 2 112 | 2 207 | 2 304 |
| 300 | 2 401 | 2 498 | 2 597 | 2 696 | 2 796 | 2 896 | 2 997 | 3 099 | 3 201 | 3 304 |
| 400 | 3 408 | 3 512 | 3 616 | 37 221 | 3 827 | 3 933 | 4 040 | 4 147 | 4 255 | 4 363 |
| 500 | 4 471 | 4 580 | 4 690 | 4 800 | 4 910 | 5 021 | 5 133 | 5 245 | 5 357 | 5 470 |
| 600 | 5 583 | 5 697 | 5 812 | 5 926 | 6 014 | 6 157 | 6 273 | 6 397 | 6 507 | 6 625 |
| 700 | 6 743 | 6 861 | 6 980 | 7 100 | 7 220 | 7 340 | 7 461 | 7 583 | 7 705 | 7 827 |
| 800 | 7 950 | 8 073 | 8 197 | 8 321 | 8 446 | 8 571 | 8 697 | 8 823 | 8 950 | 9 077 |
| 900 | 9 205 | 9 333 | 9 461 | 9 590 | 9 720 | 9 850 | 9 980 | 10 111 | 10 242 | 10 374 |
| 1 000 | 10 506 | 10 638 | 10 771 | 10 905 | 11 039 | 11 173 | 11 307 | 11 442 | 11 578 | 11 714 |
| 1 100 | 11 850 | 11 986 | 12 123 | 12 260 | 12 397 | 12 535 | 12 673 | 12 812 | 12 950 | 13 089 |
| 1 200 | 13 228 | 13 367 | 13 507 | 13 646 | 13 786 | 13 926 | 14 066 | 14 207 | 14 347 | 14 488 |
| 1 300 | 14 629 | 14 770 | 14 911 | 15 052 | 15 193 | 15 334 | 15 475 | 15 616 | 15 758 | 15 899 |
| 1 400 | 16 040 | 16 181 | 16 323 | 16 464 | 16 605 | 16 746 | 16 887 | 17 028 | 17 169 | 17 310 |
| 1 500 | 17 451 | 17 591 | 17 732 | 17 872 | 18 012 | 18 152 | 18 292 | 18 431 | 18 571 | 18 710 |
| 1 600 | 18 849 | 18 988 | 19 126 | 19 264 | 19 402 | 19 540 | 19 677 | 19 814 | 19 951 | 20 087 |
| 1 700 | 20 222 | 20 356 | 20 488 | 20 620 | 20 749 | 20 877 | 21 003 | | | |

表 B-3　铂铑 10-铂热电偶分度表（分度号：S）　　　　参考端温度：0 ℃

| 工作端温度/℃ | 0 | 10 | 20 | 30 | 40 | 50 | 60 | 70 | 80 | 90 |
|---|---|---|---|---|---|---|---|---|---|---|
| | 热电动势/μV | | | | | | | | | |
| 0 | 0 | 55 | 113 | 173 | 235 | 299 | 365 | 432 | 502 | 573 |
| 100 | 645 | 719 | 795 | 872 | 950 | 1 029 | 1 109 | 1 190 | 1 273 | 1 356 |
| 200 | 1 440 | 1 525 | 1 611 | 1 698 | 1 785 | 1 873 | 1 962 | 2 051 | 2 141 | 2 232 |
| 300 | 2 323 | 2 414 | 2 506 | 2 599 | 2 692 | 2 786 | 2 880 | 2 974 | 3 069 | 3 164 |
| 400 | 3 260 | 3 356 | 3 452 | 3 549 | 3 645 | 3 743 | 3 840 | 3 938 | 4 036 | 4 135 |
| 500 | 4 234 | 4 333 | 4 432 | 4 532 | 4 632 | 4 732 | 4 832 | 4 933 | 5 034 | 5 136 |
| 600 | 5 237 | 5 339 | 5 442 | 5 544 | 5 648 | 5 751 | 5 855 | 5 960 | 6 064 | 6 169 |
| 700 | 6 274 | 6 380 | 6 486 | 6 592 | 6 699 | 6 805 | 6 913 | 7 020 | 7 128 | 7 236 |
| 800 | 7 345 | 7 454 | 7 563 | 7 672 | 7 782 | 7 892 | 8 003 | 8 114 | 8 225 | 8 336 |
| 900 | 8 448 | 8 560 | 8 673 | 8 786 | 8 899 | 9 012 | 9 126 | 9 240 | 9 355 | 9 470 |
| 1 000 | 9 585 | 9 700 | 9 816 | 9 932 | 10 048 | 10 165 | 10 282 | 10 400 | 10 517 | 10 635 |
| 1 100 | 10 754 | 10 872 | 10 991 | 11 110 | 11 229 | 11 348 | 11 467 | 11 587 | 11 707 | 11 827 |
| 1 200 | 11 947 | 12 067 | 12 188 | 12 308 | 12 429 | 12 550 | 12 671 | 12 792 | 12 913 | 13 034 |
| 1 300 | 13 155 | 13 276 | 13 397 | 13 519 | 13 640 | 13 761 | 13 883 | 14 004 | 14 125 | 14 247 |
| 1 400 | 14 368 | 14 489 | 14 610 | 14 731 | 14 852 | 14 973 | 15 094 | 15 215 | 15 336 | 15 456 |
| 1 500 | 15 576 | 15 697 | 15 817 | 15 937 | 16 057 | 16 176 | 16 296 | 16 415 | 16 534 | 16 653 |
| 1 600 | 16 771 | 16 890 | 17 008 | 17 125 | 17 245 | 17 360 | 17 477 | 17 594 | 17 711 | 17 826 |

表 B-4　镍铬-镍硅热电偶分度表（分度号：K）　　　　参考端温度：0 ℃

| 工作端温度/℃ | 0 | 10 | 20 | 30 | 40 | 50 | 60 | 70 | 80 | 90 |
|---|---|---|---|---|---|---|---|---|---|---|
| | 热电动势/μV | | | | | | | | | |
| 0 | 0 | 397 | 798 | 1 203 | 1 611 | 2 022 | 2 436 | 2 850 | 3 266 | 3 681 |
| 100 | 4 095 | 4 508 | 4 919 | 5 327 | 5 733 | 6 137 | 6 539 | 6 939 | 7 338 | 7 737 |
| 200 | 8 137 | 8 537 | 8 938 | 9 341 | 9 745 | 10 151 | 10 560 | 10 969 | 11 381 | 11 793 |
| 300 | 12 207 | 12 623 | 13 039 | 13 456 | 13 874 | 14 292 | 14 712 | 15 132 | 15 552 | 15 974 |
| 400 | 16 395 | 16 818 | 17 241 | 17 664 | 18 088 | 18 513 | 18 938 | 19 363 | 19 788 | 20 214 |

续表

| 工作端温度/℃ | 0 | 10 | 20 | 30 | 40 | 50 | 60 | 70 | 80 | 90 |
|---|---|---|---|---|---|---|---|---|---|---|
| | 热电动势/μV | | | | | | | | | |
| 500 | 20 640 | 21 066 | 21 493 | 21 919 | 22 346 | 22 772 | 23 198 | 23 624 | 24 050 | 24 476 |
| 600 | 24 902 | 25 327 | 25 751 | 26 176 | 26 599 | 27 022 | 27 445 | 27 867 | 28 288 | 28 709 |
| 700 | 29 128 | 29 547 | 29 965 | 30 383 | 30 799 | 31 214 | 31 629 | 32 042 | 32 455 | 32 866 |
| 800 | 33 277 | 33 686 | 34 095 | 34 502 | 34 909 | 35 314 | 35 718 | 36 121 | 36 524 | 36 925 |
| 900 | 37 325 | 37 724 | 38 122 | 38 519 | 38 915 | 39 310 | 39 703 | 40 096 | 40 488 | 40 879 |
| 1 000 | 41 269 | 41 657 | 42 045 | 42 432 | 42 817 | 43 202 | 43 585 | 43 968 | 44 349 | 44 729 |
| 1 100 | 45 108 | 45 486 | 45 863 | 46 238 | 46 612 | 46 985 | 47 356 | 47 726 | 48 095 | 48 462 |
| 1 200 | 48 828 | 49 192 | 49 555 | 49 916 | 50 276 | 50 633 | 50 990 | 51 344 | 51 697 | 52 049 |
| 1 300 | 52 398 | 53 093 | 53 093 | 53 439 | 53 782 | 54 125 | 54 466 | 54 807 | | |

表 B-5　镍铬硅-镍硅镁热电偶分度表(分度号:N)　　　　　　参考端温度:0 ℃

| 工作端温度/℃ | 0 | 10 | 20 | 30 | 40 | 50 | 60 | 70 | 80 | 90 |
|---|---|---|---|---|---|---|---|---|---|---|
| | 热电动势/μV | | | | | | | | | |
| 0 | 0 | 261 | 525 | 793 | 1 065 | 1 340 | 1 619 | 1 902 | 2 189 | 2 480 |
| 100 | 2 774 | 3 072 | 3 374 | 3 680 | 3 989 | 4 302 | 4 618 | 4 937 | 5 259 | 5 585 |
| 200 | 5 913 | 6 245 | 6 579 | 6 916 | 7 255 | 7 597 | 7 941 | 8 288 | 8 637 | 8 988 |
| 300 | 9 341 | 9 696 | 10 054 | 10 413 | 10 774 | 11 136 | 11 501 | 11 867 | 12 234 | 12 603 |
| 400 | 12 974 | 13 346 | 13 719 | 14 094 | 14 469 | 14 846 | 15 225 | 15 604 | 15 984 | 16 336 |
| 500 | 16 748 | 17 131 | 17 515 | 17 900 | 18 286 | 18 672 | 19 059 | 19 447 | 19 835 | 20 224 |
| 600 | 20 613 | 21 003 | 21 393 | 21 784 | 22 175 | 22 566 | 22 958 | 23 350 | 23 742 | 24 134 |
| 700 | 24 527 | 24 919 | 25 312 | 25 705 | 26 098 | 26 491 | 26 883 | 27 276 | 27 669 | 28 062 |
| 800 | 28 455 | 28 847 | 29 239 | 29 632 | 30 024 | 30 416 | 30 807 | 31 199 | 31 590 | 31 981 |
| 900 | 32 371 | 32 761 | 33 151 | 33 541 | 33 930 | 34 319 | 34 707 | 35 095 | 35 482 | 35 869 |
| 1 000 | 36 256 | 36 641 | 37 027 | 37 411 | 37 795 | 38 179 | 38 562 | 38 944 | 39 326 | 39 706 |
| 1 100 | 40 087 | 40 466 | 40 845 | 41 223 | 41 600 | 41 976 | 42 352 | 42 727 | 43 101 | 43 474 |
| 1 200 | 43 846 | 44 218 | 44 588 | 44 958 | 45 326 | 45 694 | 46 060 | 46 425 | 46 789 | 47 152 |
| 1 300 | 47 513 | | | | | | | | | |

表 B-6　镍铬-铜镍(康铜)热电偶分度表(分度号:E)　　　参考端温度:0 ℃

| 工作端温度/℃ | 0 | 10 | 20 | 30 | 40 | 50 | 60 | 70 | 80 | 90 |
|---|---|---|---|---|---|---|---|---|---|---|
| | 热电动势/μV | | | | | | | | | |
| 0 | 0 | 591 | 1 192 | 1 801 | 2 419 | 3 047 | 3 683 | 4 329 | 4 983 | 5 646 |
| 100 | 6 317 | 6 996 | 7 683 | 8 377 | 9 078 | 9 787 | 10 501 | 11 222 | 11 949 | 12 681 |
| 200 | 13 419 | 14 161 | 14 909 | 15 661 | 16 417 | 17 178 | 17 942 | 18 710 | 19 481 | 20 256 |
| 300 | 21 033 | 21 814 | 22 597 | 23 383 | 24 171 | 24 961 | 25 754 | 26 549 | 27 345 | 28 143 |
| 400 | 28 943 | 29 744 | 30 546 | 31 350 | 32 155 | 32 960 | 33 767 | 34 574 | 35 382 | 36 190 |
| 500 | 36 999 | 37 808 | 39 426 | 40 236 | 41 045 | 41 853 | 42 662 | 43 470 | 44 278 | 45 085 |
| 600 | 45 085 | 45 891 | 46 697 | 47 502 | 48 306 | 49 109 | 49 911 | 50 713 | 51 513 | 52 312 |
| 700 | 53 110 | 53 907 | 54 703 | 55 498 | 56 291 | 57 083 | 57 873 | 58 663 | 59 451 | 60 237 |
| 800 | 61 022 | 61 806 | 62 588 | 63 368 | 64 147 | 64 924 | 65 700 | 66 473 | 67 245 | 68 015 |
| 900 | 68 783 | 69 549 | 70 313 | 71 075 | 71 835 | 72 593 | 73 350 | 74 104 | 74 857 | 75 608 |
| 1 000 | 76 358 | | | | | | | | | |

表 B-7　铁-铜镍(康铜)热电偶分度表(分度号:J)　　　参考端温度:0 ℃

| 工作端温度/℃ | 0 | 10 | 20 | 30 | 40 | 50 | 60 | 70 | 80 | 90 |
|---|---|---|---|---|---|---|---|---|---|---|
| | 热电动势/μV | | | | | | | | | |
| 0 | 0 | 507 | 1 019 | 1 536 | 2 058 | 2 585 | 3 115 | 3 649 | 4 186 | 4 725 |
| 100 | 5 268 | 5 812 | 6 359 | 6 907 | 7 457 | 8 008 | 8 560 | 9 113 | 9 667 | 10 222 |
| 200 | 10 777 | 11 332 | 11 887 | 12 442 | 12 998 | 13 553 | 14 108 | 14 663 | 15 217 | 15 771 |
| 300 | 16 325 | 16 879 | 17 432 | 17 984 | 18 537 | 19 089 | 19 640 | 20 192 | 20 743 | 21 295 |
| 400 | 21 846 | 22 397 | 22 949 | 23 501 | 24 054 | 24 607 | 25 161 | 25 716 | 26 272 | 26 829 |
| 500 | 27 388 | 27 949 | 28 511 | 29 075 | 29 642 | 30 210 | 30 782 | 31 356 | 31 933 | 32 513 |
| 600 | 33 096 | 33 683 | 34 273 | 34 867 | 35 464 | 36 066 | 36 671 | 37 280 | 37 893 | 38 510 |
| 700 | 39 130 | 39 754 | 40 382 | 41 013 | 41 647 | 42 283 | 42 922 | 43 563 | 44 207 | 44 852 |
| 800 | 45 498 | 46 144 | 46 790 | 47 434 | 48 076 | 48 716 | 49 354 | 49 989 | 50 621 | 51 249 |
| 900 | 51 875 | 52 496 | 53 115 | 53 729 | 54 321 | 54 948 | 55 553 | 56 155 | 56 753 | 57 349 |
| 1 000 | 57 942 | 58 533 | 59 121 | 59 708 | 60 293 | 60 876 | 61 459 | 62 039 | 62 619 | 63 199 |
| 1 100 | 63 777 | 64 355 | 64 933 | 65 510 | 66 087 | 66 664 | 67 240 | 67 815 | 68 390 | 68 964 |
| 1 200 | 69 536 | | | | | | | | | |

表 B-8　铜-铜镍(康铜)热电偶分度表(分度号:T)　　　　　　　　参考端温度:0 ℃

| 工作端温度/℃ | 0 | 10 | 20 | 30 | 40 | 50 | 60 | 70 | 80 | 90 |
|---|---|---|---|---|---|---|---|---|---|---|
| | 热电动势/μV | | | | | | | | | |
| 0 | 0 | 391 | 789 | 1 196 | 1 611 | 2 035 | 2 467 | 2 908 | 3 357 | 3 813 |
| 100 | 4 277 | 4 749 | 5 227 | 5 712 | 6 204 | 6 702 | 7 207 | 7 718 | 8 235 | 8 757 |
| 200 | 9 286 | 9 820 | 10 360 | 10 905 | 11 456 | 12 011 | 12 572 | 13 137 | 13 707 | 14 281 |
| 300 | 14 860 | 15 443 | 16 030 | 16 621 | 17 217 | 17 816 | | | | |

# 参考文献

[1] 栾桂冬,等.传感器及其应用[M].西安:西安电子科技大学出版社,2002.

[2] 王俊峰,孟令启.现代传感器应用技术[M].北京:机械工业出版社,2006.

[3] 王煜东.传感器及应用[M].北京:机械工业出版社,2002.

[4] 梁森,黄杭美.自动检测与转换技术[M].北京:机械工业出版社,2011.

[5] 苗玲玉.传感器应用基础[M].北京:机械工业出版社,2012.

[6] 于彤.传感器原理及应用[M].北京:机械工业出版社,2011.

[7] 张福学.传感器原理应用及其电路精选[M].北京:电子工业出版社,2000.

[8] 王昌明.传感与测试技术[M].北京:北京航空航天大学出版社,2005.

[9] 刘存.现代检测技术[M].北京:机械工业出版社,2005.

[10] 李兴莲.传感器与 PLC 应用技术[M].北京:机械工业出版社,2011.

[11] 徐军.传感器技术基础与应用实训[M].北京:电子工业出版社,2010.

[12] 谢志萍.传感器与检测技术[M].北京:水利电力出版社,2011.

[13] 柳桂国.传感器与自动检测技术[M].北京:电子工业出版社,2011.

[14] 刘伟.传感器原理及实用技术[M].北京:电子工业出版社,2009.

[15] 刘水平.传感器与检测技术应用[M].北京:人民邮电出版社,2009.

[16] 金发庆.传感器技术与应用[M].北京:机械工业出版社,2004.

[17] 程德福,等.传感器原理及应用[M].北京:机械工业出版社,2010.

[18] 王庆有.光电传感器应用技术[M].北京:机械工业出版社,2007.

[19] 何希才.传感器及其应用实例[M].北京:机械工业出版社,2004.

[20] 曲波.工业常用传感器选型指南[M].北京:清华大学出版社,2002.

[21] 王元庆.新型传感器原理及应用[M].北京:机械工业出版社,2002.

[22] 吴旗.传感器及应用[M].北京:高等教育出版社,2002.

[23] 彭学勤.传感器应用技能实训[M].北京:人民邮电出版社,2010.